Motair® Turbolader GmbH
Postfach 30 05 26
D-5000 Köln 30

Ursprünglich veröffentlicht in der Reihe „Technische leergangen"
unter dem Titel „Turboladers"
von Educatieve en technische uitgeverij DELTA PRESS BV,
Overberg, gem. Amerongen, Niederlande.

Zusammengestellt durch D. C. Spillebeen
Deutsche Bearbeitung: R. Clemens

Deutsche Übersetzung:
unitext ® GmbH, Berlin

Ursprünglich erschienen bei Friedrich Vieweg & Sohn
Verlagsgesellschaft mbH, Braunschweig / Wiesbaden, 1992

Lengericher Handelsdruckerei, Lengerich
Gedruckt auf säurefreiem Papier

ISBN 978-3-528-04826-6 ISBN 978-3-663-13917-1 (eBook)
DOI 10.1007/978-3-663-13917-1

Aufladung

Die Leistung eines Verbrennungsmotors ist von der Luft- und der Kraftstoffmenge abhängig, die beim Verbrennen zur Verfügung steht. Um die Leistung des Motors zu erhöhen, muß also mehr Luft und mehr Kraftstoff zugeführt werden. Mehr Kraftstoff zuzuführen, ist jedoch nur sinnvoll, solange auch ausreichend Sauerstoff für seine Verbrennung vorhanden ist. Eine technisch elegante Lösung besteht darin, die Motorleistung durch Aufladung zu steigern. Aufladen heißt, die Verbrennungsluft bereits vorverdichtet dem Motor zuzuführen.
Dadurch wird bei gleichbleibendem Hubraum und gleicher Drehzahl eine höhere spezifische Leistung möglich. Man unterscheidet die mechanische Aufladung, die Abgasturboaufladung und die Druckwellenaufladung.
In diesem Lehrgang werden die verschiedenen Möglichkeiten der Aufladung sowohl für Benzin- als auch für Dieselmotoren beschrieben und verglichen.

Inhalt

1 Einleitung

1.1 Prinzip der Abgasturboaufladung

Die von einem Verbrennungsmotor abgegebene Leistung hängt von der Luft- und der entsprechenden Kraftstoffmenge ab, die für die Verbrennung im Motor zur Verfügung steht. Soll sich die Leistung des Motors erhöhen, so müssen mehr Luft und Kraftstoff zugeführt werden. Mehr Kraftstoff zuzuführen macht aber nur Sinn, wenn ausreichend Sauerstoff für seine Verbrennung vorhanden ist, ansonsten würde Kraftstoff vergeudet.
Wird zusätzlicher Kraftstoff zugeführt, ohne daß der notwendige Sauerstoff verfügbar ist, kommt es zur Überhitzung oder auch zu einem stark rauchenden Motor.
Bei einem Saugmotor läßt sich die Leistung dadurch erhöhen, daß man den Hubraum vergrößert oder die Drehzahl erhöht. Mit einem größeren Zylindervolumen erhält man aber größere, schwerere und somit auch teurere Motoren. Eine Erhöhung der Drehzahl stößt aber auf eine Reihe von technischen Problemen und hat auch Nachteile, besonders bei größeren Motoren, weil die Drehzahl zumeist schon optimal gewählt wurde. Steigert man sie dennoch, besteht die Gefahr der Überbeanspruchung der Motorbauteile.
Eine technisch elegante Lösung besteht jedoch darin, die Motorleistung durch Aufladung der Zylinder zu steigern. Das bedeutet, daß die zur Verbrennung dem Motor zugeführte Luft schon vorverdichtet wird, bevor sie in den Motor eintritt.
Geeignete Geräte zur Aufladung von Verbrennungsmotoren sorgen dafür, daß die erforderliche Luft für die Kraftstoffverbrennung vorher komprimiert wird. Dadurch wird bei gleichbleibendem Zylinderhubraum und gleichen Drehzahlen eine höhere spezifische Leistung möglich.
Man unterscheidet Aufladung mit

- mechanisch angetriebenen Kompressoren,
- Abgasturboaufladung und
- Druckwellenaufladung.

Die notwendigen Drücke werden bei der mechanischen Aufladung über einen von der Kurbelwelle angetriebenen Kompressor erzeugt (mechanische Verbindung zwischen Motor und Auflader). Bei der Abgasturbo-Aufladung (genauer: Turboauflader angetrieben von den Abgasen) liefern die Abgase die Energie zum Antrieb des Kompressors (strömungstechnische Verbindung zwischen Motor und Auflader). Bei der Druckwellenaufladung z. B. (durch den Comprex-Kompressor) entnimmt man die Energie für die Vorverdichtung direkt dem Abgas, aber das Gerät benötigt zusätzlich noch einen mechanischen Antrieb (mechanische und strömungstechnische Verbindung).

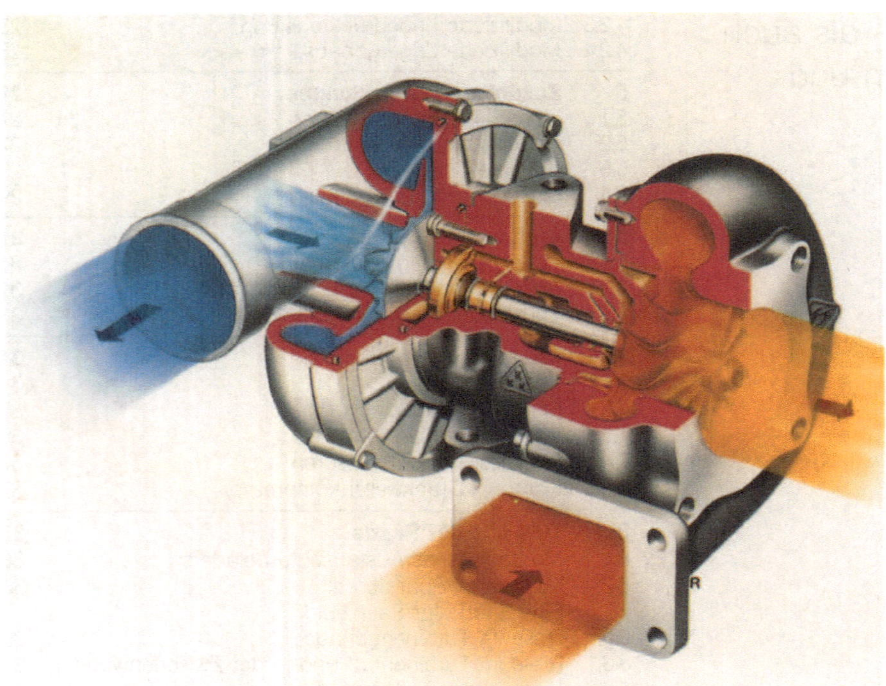

Bild 1: KKK-Turbolader für Lkw-Dieselmotoren

Schon 1905 wurde das Prinzip des Turboladers von einem Schweizer Ingenieur namens Büchi entwickelt. Aber erst in den letzten Jahrzehnten wurde dieser Gedanke zur Serienreife für die breite Anwendung im Motorenbau gebracht. Generell besteht ein Turbolader aus einem Kreiselverdichter (Kompressor) und einer einstufigen Turbine, die über eine gemeinsame starre Welle miteinander verbunden sind und dadurch mit derselben Geschwindigkeit und in derselben Richtung drehen. Die Energie in den Abgasen, die ansonsten verloren ginge, wird von der Turbine genutzt, um den Kompressor anzutreiben.
Beim Verlassen des Zylinders haben die Abgase einen bestimmten Überdruck und eine hohe Temperatur bis 1000 Grad Celsius. d. h. die Gase enthalten Energie oder anders gesagt, sie haben noch die Möglichkeit, Arbeit zu leisten. Die Form des Turbinengehäuses sorgt dafür, daß diese Energie in **kinetische Energie** umgewandelt wird. Die Gase werden enorm beschleunigt, und treffen dann mit hoher Geschwindigkeit auf die Turbinenschaufeln. Damit erhalten die Schaufeln einen Impuls, wodurch sich das Turbinenrad dreht, d. h. die kinetische Energie der Abgase wird in mechanische Energie an der Welle des Turbinenrades umgewandelt. Die Abgabe dieser mechanischen Energie geht zu Lasten des Drucks und der Temperatur im Abgas. Beide sinken.
Vom Kompressor wird Frischluft aus der Atmosphäre angesaugt, verdichtet und unter Druck den Motorzylindern zugeführt. Mit erhöhter Kraftstoffmenge, die mit der vom Kompressor zugeführten Luft gemischt wird, kann der Motor dann eine höhere Leistung abgeben.
So steigt der Wirkungsgrad der Verbrennung selbst, und der Motor arbeitet über einen größeren Drehzahlbereich wirtschaftlicher.
Der Turbolader ist strömungstechnisch ausschließlich durch die Ladeluft und den Mengenstrom der Abgase mit dem Motor verbunden. Seine Drehzahl ist nicht von der Motordrehzahl abhängig, sondern von der Leistung, die der Motor abgibt. Wenn man dem Motor mehr Kraftstoff zuführt, wird die Energie in den Abgasen erhöht, wodurch sich die Läuferwelle des Turboladers schneller dreht und der Ladedruck steigt. Dadurch wird mehr Luft in die Motorzylinder gepumpt, so daß wiederum mehr Kraftstoff zugefügt werden kann.
Das Leistungsgleichgewicht zwischen Kompressor und Turbine eines Turboladers ohne Ladedruckregelung führt zu

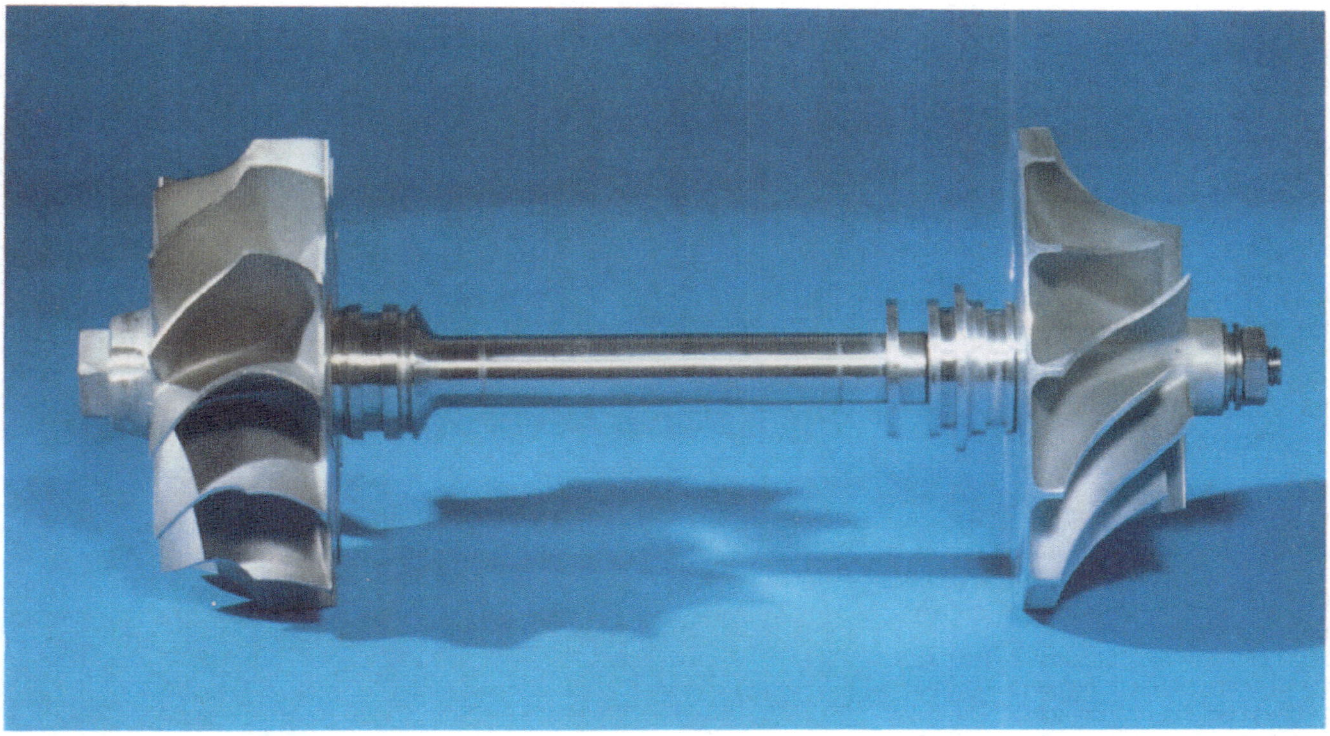

Bild 2: Läufer mit Turbinen- und Kompressorrad

einem Ladedruck, der sich direkt proportional zur Abgasenergie des Motors verhält. In Motoren, die über einen sehr großen Drehzahlbereich arbeiten, wie z. B. in Personenkraftwagen, ist ein möglichst hoher Ladedruck bereits bei niedrigen Drehzahlen wünschenswert. Turbolader mit Ladedruckregelung bieten hier eine Lösung. Indem man ein Turbinengehäuse mit engem Querschnitt wählt, kommt die Turbine schon bei geringem Gasstrom auf Drehzahl, und der gewünschte Ladedruck wird schnell erreicht. Das Überdruckventil begrenzt dann den weiteren Druckanstieg, obwohl die Motorleistung weiter erhöht wird.

1.2 Stau- und Stoßdruckaufladung

Es gibt verschiedene Turbinenausführungen: Turbinen, die mit konstantem Druck arbeiten (Staudruckaufladung) und solche, die mit Stoßwellen arbeiten (Stoßdruckaufladung).
Anwendung finden beide Ausführungen, manchmal in etwas modifizierter Form. Welche Art gewählt wird, hängt vom Motortyp, der Anzahl der Zylinder, dem jeweiligen Anwendungsgebiet und verschiedenen anderen Faktoren ab.

Bild 3: Turbolader an einem Formel-1-Motor

Bei der Staudruckaufladung werden die Abgase aller Zylinder in einem gemeinsamen Auspuffkrümmer zusammengeführt und erst danach unter fast konstantem Druck zum Turbolader geleitet.
Bei der Impuls- oder Stoßdruckaufladung ist ein „fächerförmiges" Auspuffsystem erforderlich, bei dem die Abgase der verschiedenen Zylinder in getrennten Leitungen zum Turbolader geleitet werden, um so ihre kinetische Energie nutzen zu können.

1.3 Vorteile der Abgasturboaufladung

Gegenüber einem Saugmotor weist ein Turbomotor eine Reihe von technischen und wirtschaftlichen Vorteilen auf.
Das Masse-Leistungs-Verhältnis (kg/kW) eines Turbomotors ist günstiger als das eines Saugmotors.
Der Raum, den ein Turbomotor einnimmt, ist kleiner als der Raum, den ein Saugmotor gleicher Leistung beansprucht.
Bei einem Turbomotor kann man die Drehmomentkurve besser auf das spezifische Anwendungsgebiet des Motors abstimmen. Das führt zum Konzept der Kraftmaximierung: ein schwerer Lkw mit Turbomotor braucht z. B. an Steigungen erheblich weniger geschaltet und kann wesentlich flexibler gefahren werden. Dadurch läßt sich das Getriebe vereinfachen.
Mit einem Turbolader kann man die Baureihe eines zugrundeliegenden Saugmotors um verschiedene Turboversionen mit unterschiedlichen Leistungen bereichern.
Im Gebirge sind die Leistungen eines Turbomotors entscheidend besser. Hier verliert ein Saugmotor schnell an Leistung, weil die Luft mit steigender Höhe dünner wird. Dagegen kann die Turbine des Turboladers mehr Energie umsetzen, weil der Gegendruck hinter der Turbine infolge des gefallenen Atmosphärendrucks niedriger liegt. Die vom Turbolader gelieferte Luftmenge ist somit nahezu gleich groß wie in Meereshöhe, so daß der Motor seine normale Leistung praktisch beibehält.
Weitere Vorteile des Turboladers sind:

- Günstigerer spezifischer Kraftstoffverbrauch. Ersichtlich wird das z. B. anhand des besseren Verbrauchs von Lkw mit Turbolader auf langen Strecken.
- Mit einem Turbolader wird die Verbrennung sauberer und die Luftverschmutzung geringer.
- Ein Turbomotor läuft leiser als ein Saugmotor gleicher Leistung, allein schon wegen seiner geringeren Größe und der

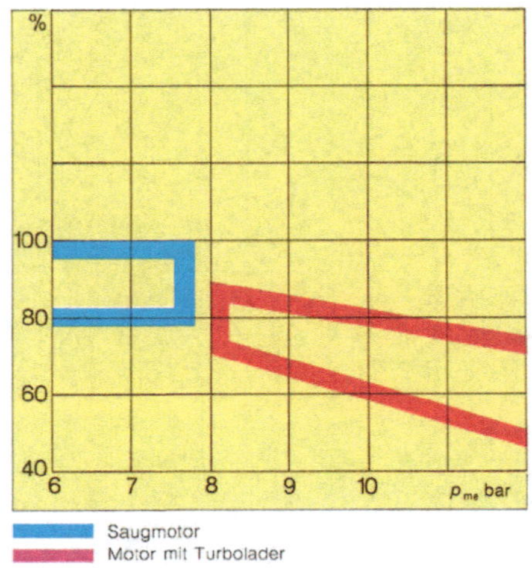

Leistungs-Gewichts-Verhältnis von Viertaktdieselmotoren in Lkw
p_{me} = mittlerer effektiver Arbeitsdruck

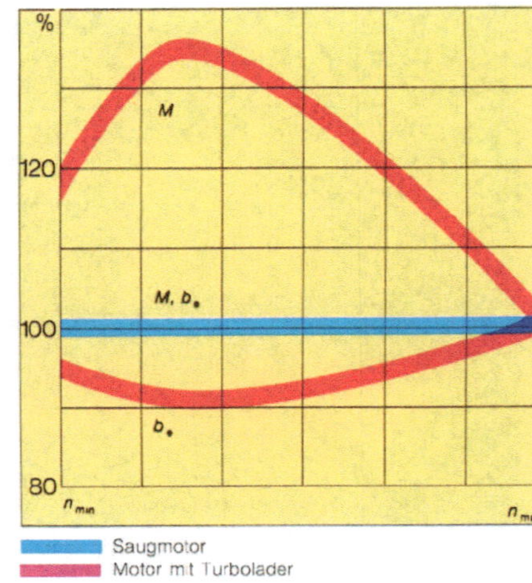

Leistungsvergleich
b_e = spez. Brennstoffverbrauch
M = Drehmoment
n = Drehzahl

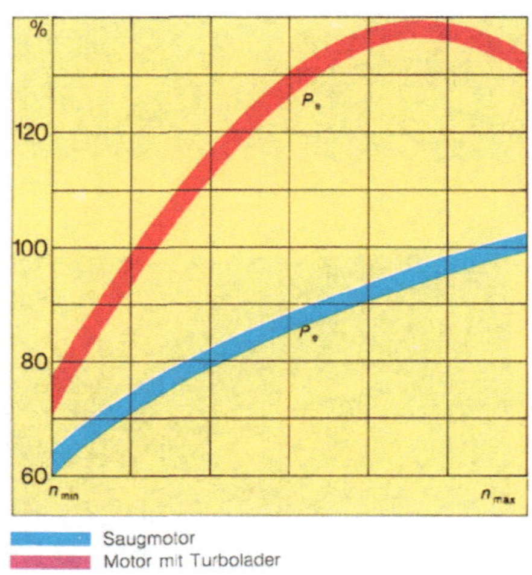

Leistungszunahme
P_e = abgegebene Leistung
n = Drehzahl

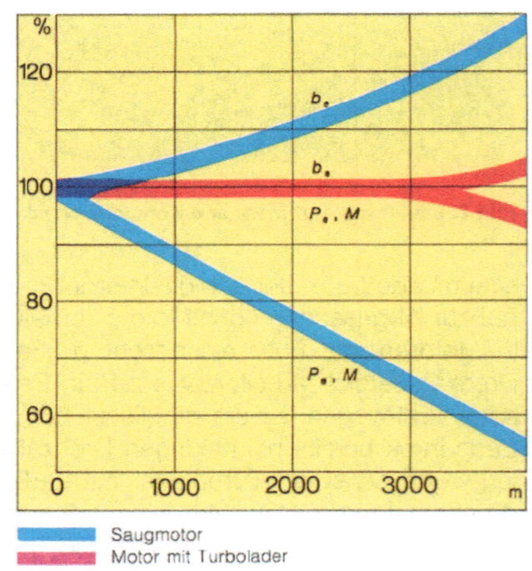

Höhenleistung
b_e = spez. Brennstoffverbrauch
P_e = abgegebene Leistung
M = Drehmoment

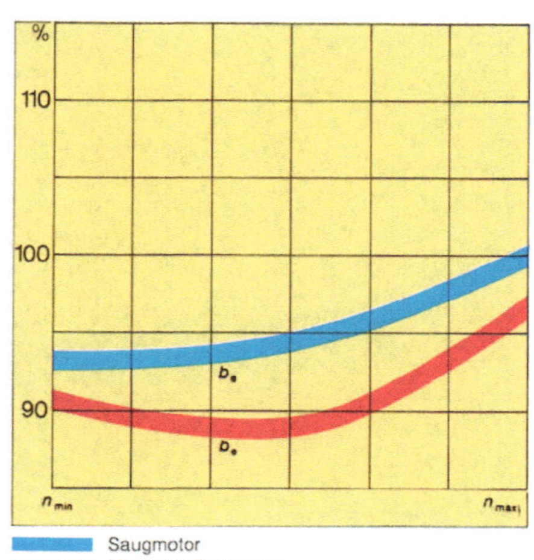

Brennstoffverbrauch
b_e = spez. Brennstoffverbrauch
n = Drehzahl

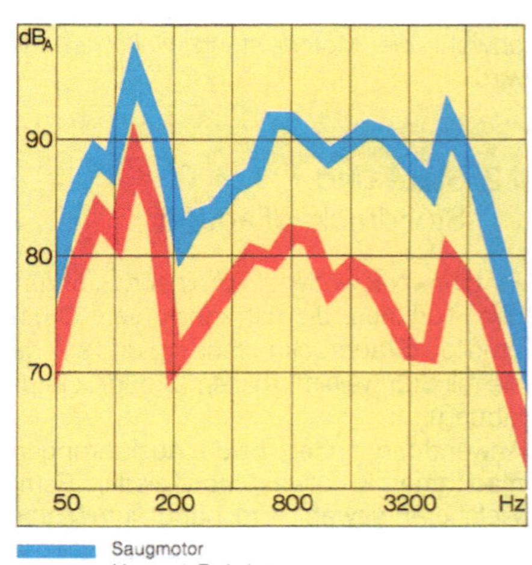

Geräuschkurve

damit verbundenen geringeren geräuschabgebenden Oberfläche. Außerdem wirkt der Turbolader selbst als zusätzlicher Schalldämpfer.

1.4 Anwendungsmöglichkeiten in sämtlichen Einsatzbereichen

Sowohl wasser- als auch luftgekühlte Diesel-, Benzin- und Gasmotoren eignen sich für die Abgasturboaufladung. Turbolader werden an großen Motoren wie Schiffsmaschinen, Lokomotiven und stationären Motoren sowie bei Lkw- und in Pkw-Motoren eingesetzt. Dabei spielt es keine Rolle, ob dies Zwei- oder Viertaktmotoren sind.

Heutzutage werden schwere Dieselmotoren mit einer Leistung über 150 kW, sowohl für Anwendungen in der Industrie, der Schiffahrt als auch für Maschinen zur Erdbewegung, nahezu immer mit einem Turbolader ausgestattet.

Auf dem Nutzkraftwagensektor können wir davon ausgehen, daß alle Dieselmotoren über 80 kW gegenwärtig mit Turboladern ausgerüstet werden.

Selbst bei den leichten Lieferwagen und bei Personenkraftwagen mit Dieselmotor läßt sich der Vormarsch des Turboladers nicht mehr aufhalten. In Ottomotoren hatte es der Turbolader anfänglich schwerer, was jedoch, besonders durch Experimente mit Rallye und Rennmotoren, überwunden wurde. Die Entwicklung hitzebeständigerer Materialien, wassergekühlte Lagergehäuse und elektronisch gesteuerte Abblasventile sind Mittel, die die Einsatzbreite kleiner, serienmäßig hergestellter Turbolader für Ottomotoren stark gefördert haben. Auch die Anwendung der Benzineinspritzung und der elektronischen Zündung waren dabei willkommene Hilfen.

Aufgrund dieser Entwicklungen gelangen heute immer mehr Kleinwagen mit Turboladern auf den Markt.

Um Probleme richtig diagnostizieren zu können, welche vordergründig den Eindruck erwecken, vom Turbolader hervorgerufen zu werden, muß man die Arbeitsweise und den Aufbau des Turboladers gründlich kennen und verstehen lernen. Im nächsten Abschnitt wird zunächst der Turbolader für Dieselmotoren in Nutzfahrzeugen behandelt, da sein Aufbau einfach ist und der Turbolader für Personenkraftwagen auf demselben Grundprinzip beruht.

Bild 8: Lastwagen mit HOLSET-Turbo

Bild 9: GARRETT-Turbo an einem schweren Industriemotor

Bild 4: Lastwagen mit GARRETT-Turbo

Bild 6: Traktor mit HOLSET-Turbo

Bild 10: KKK-Turbo an einem Ottomotor

Bild 5: KKK-Turbo an einer Schiffsmaschine

Bild 7: KKK-Turbo an einem Lkw-Motor

Bild 11: KKK-Turbo an einem Stationärmotor

2 Turbolader für Dieselmotoren in Nutzfahrzeugen

Bild 12

2.1 Prinzip und Aufbau des Turboladers für Dieselmotoren in Nutzfahrzeugen

Ein Turbolader ist im Prinzip ein Kompressor (bzw. ein Luftverdichter), der von einer Turbine angetrieben wird.
Die Turbine selbst nutzt die Energie, die in Form von Wärme und Druck in den schnellströmenden Abgasen des Motors steckt und ansonsten im Auspuff verloren ginge. In einem herkömmlichen Dieselmotor läuft die Turbine mit Drehzahlen von 1000 bis 130000 Umdrehungen pro Minute. Das bedeutet, daß die Eintrittskanten der Turbinenschaufeln eine Umlaufgeschwindigkeit haben, die der Schallgeschwindigkeit nahekommt!
Über eine starre Welle ist die Turbine direkt mit dem Kompressor verbunden. Dieser saugt saubere Luft über den Luftfilter an und verdichtet sie. Durch die Einlaßkanäle strömt diese vorverdichtete Luft in die Zylinder. Wird dem Motor mehr Luft zugeführt, so kann mehr Kraftstoff verbrannt werden, und der Motor kann folglich eine höhere Leistung abgeben (siehe Bild 15). Theoretisch besteht immer ein Leistungsgleichgewicht zwischen der Turbine und dem Kompressor eines Turboladers. Je mehr Energie in den Abgasen steckt, desto höher ist die Drehzahl der Turbine. Dadurch erhöht sich wiederum die Drehzahl des Kompressors. Auf diese Art wird mehr Luft in den Motor gepumpt, so daß dieser wieder mehr Leistung- und Abgasenergie liefern kann.

2.1.1 Turbine

Das Turbinengehäuse (Bild 13) bildet zusammen mit dem Turbinenrad (Bild 14)

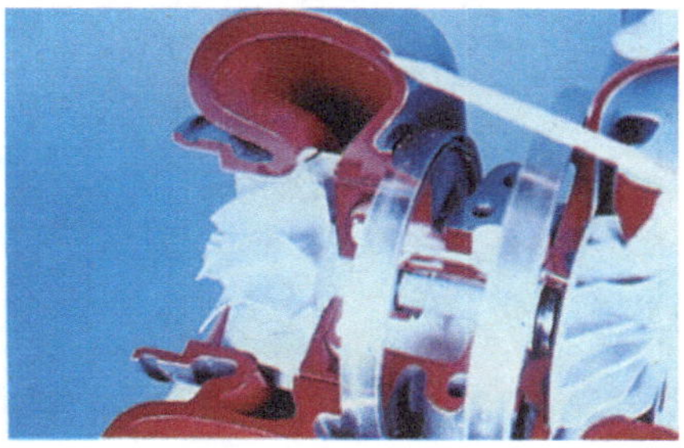

Bild 13

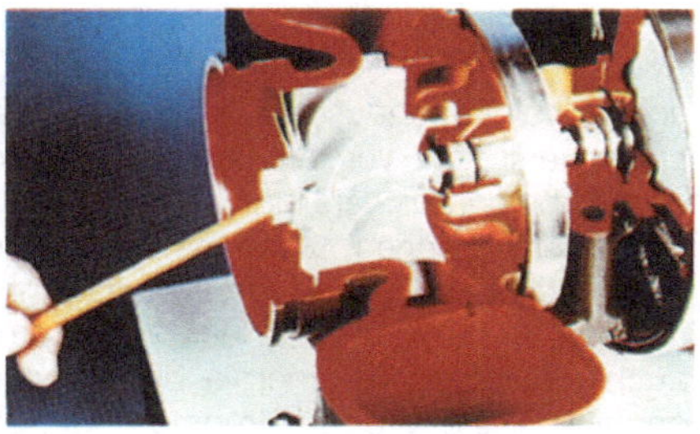

Bild 14

die Turbine.
Über den Auspuffkrümmer des Motors werden die Abgase zum Turbinengehäuse geleitet. Der Strömungskanal im Turbinengehäuse wird zunehmend enger, wodurch sich die Strömungsgeschwindigkeit der Abgase erhöht. Der Grund für die Beschleunigung des Gasstromes ist, daß dasselbe Gasvolumen durch einen immer kleiner werdenden Querschnitt strömen muß. Über das spiralartige schneckenhausförmige Turbinengehäuses werden die Gase auf das Turbinenrad geführt, welches sich dadurch zu drehen beginnt.
Der engste Querschnitt des Turbinengehäuses bestimmt die Drehgeschwindigkeit der Turbine. Man kann sich das wie bei einem Gartenschlauch vorstellen: je mehr man ihn zusammendrückt, desto weiter spritzt das Wasser. Die Auswahl von Größe und engstem Querschnitt des Turbinengehäuses ist vom Gasstrom, d. h. Zylinderhubraum, von der Drehzahl und von der erwünschten Motorleistung abhängig.
Je nach Anwendungsgebiet weisen Turbinengehäuse große Unterschiede auf. Bei Lkw-Turboladern finden wir oft ein zweiflu-

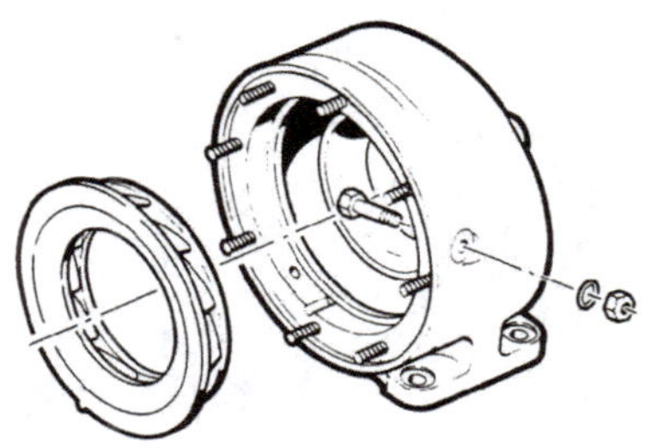

Bild 16: Turbinengehäuse mit Düsenring

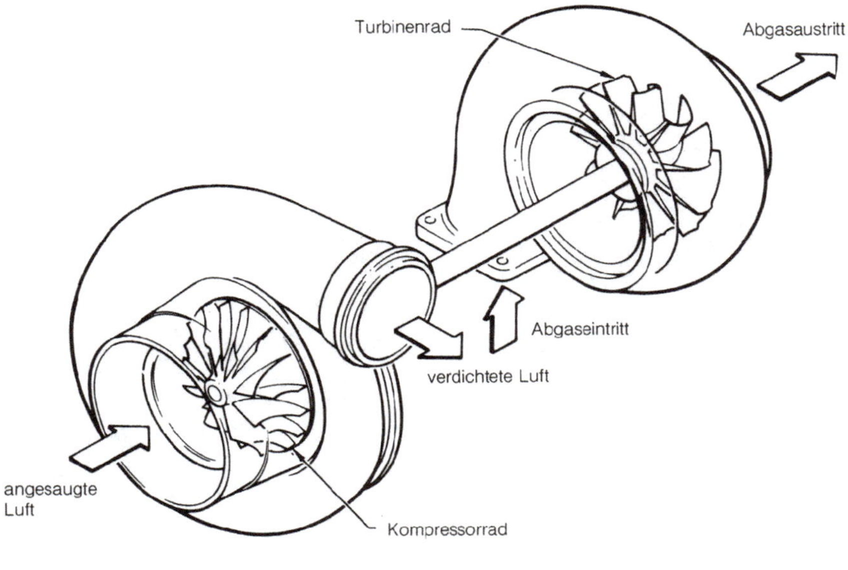

Bild 15

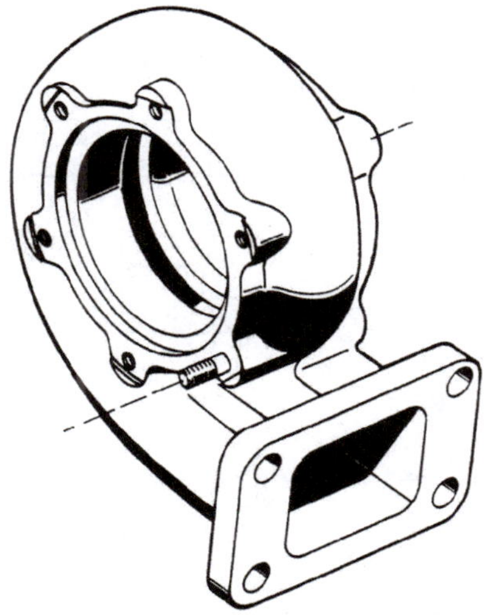

Bild 17: Einstrom-Turbinengehäuse

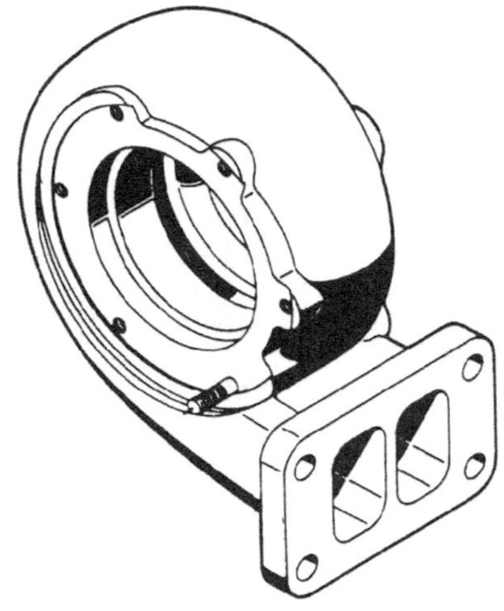

Bild 18: Zweiflutiges Turbinengehäuse

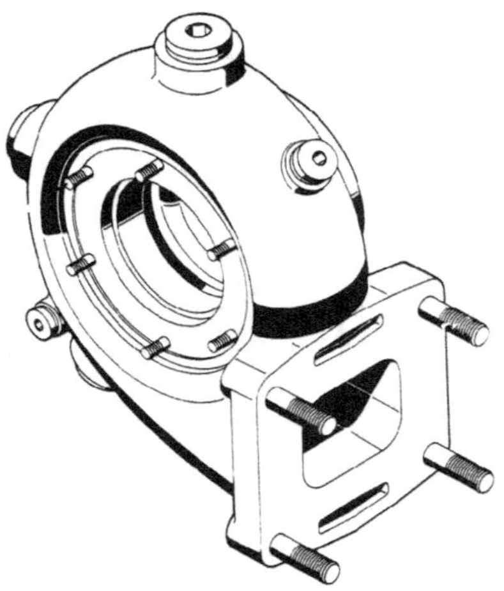

Bild 19: Wassergekühltes, einflutiges Turbinengehäuse

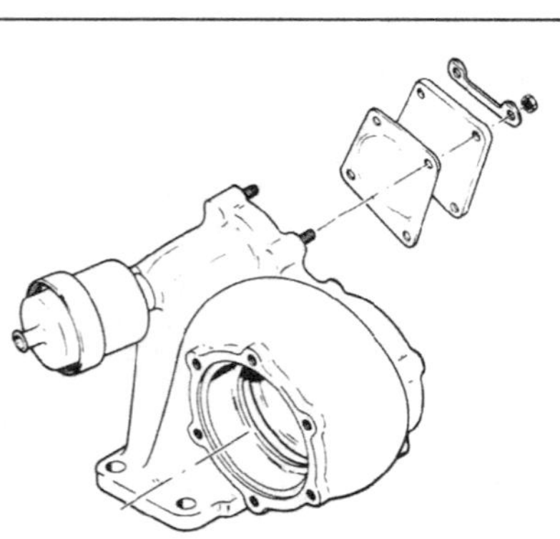

Bild 20: Turbinengehäuse eines Dieselmotors mit Überdruckventil

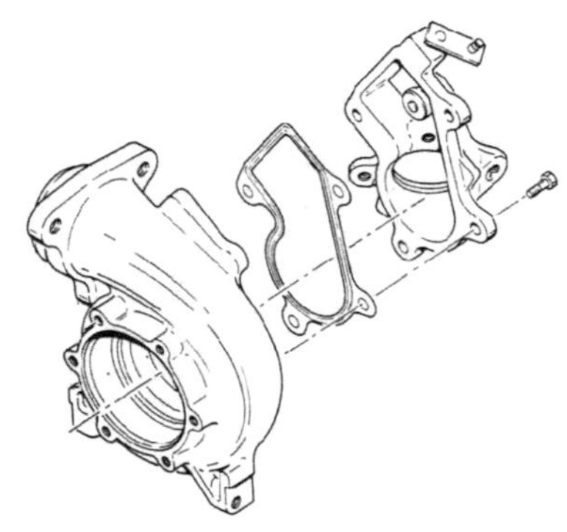

Bild 21: Turbinengehäuse eines Ottomotors mit Überdruckventil

tiges Turbinengehäuse, in dem beide Gasströme erst kurz vor der Beaufschlagung des Turbinenrads vereinigt werden.

Mit einem solchen Gehäuse wird eine Stoßdruckaufladung (Impulsaufladung) möglich. Dabei wird außer der Temperatur auch die kinetische Energie der Abgase genutzt. Dies erfordert getrennte Abgasleitungen.

Beim zweiflutigen Turbinengehäuse wird jeder Strom über den gesamten Umfang des Turbinenrads geführt. Eine andere Bauweise, die die Stoßdruckaufladung nutzt, stellt das Doppelstrom-Gehäuse dar. Hierbei wird von jedem Strom der halbe Umfang des Turbinenrads beaufschlagt.

Im Gegensatz dazu wird bei der Staudruckaufladung (mitunter auch Gleichdrucksystem genannt) nur die in Form von Temperatur der Abgase vorliegende Energie genutzt. Hierzu kann man einflutige Turbinengehäuse verwenden. Diese Bauweise hat sich vor allem bei wassergekühlten Turbinengehäusen für Schiffsmaschinen einen Platz erworben. In Turboladern für große Motoren ist vor dem Turbinenrad mitunter ein Düsenring (Turbinenleitkranz) angeordnet. Mit dem Düsenring wird eine sehr gleichmäßige Beaufschlagung des Turbinenrads und eine Feinregelung des Volumenstroms durch die Turbine ermöglicht.

Das Turbinengehäuse wird aus einer hoch warmfesten Stahllegierung gegossen. Das Turbinenrad selbst besteht aus einer hochwertigen Eisen-Nickel-Legierung. Der Bereich der Turbinenschaufeln, an dem die Abgase einströmen, wird Gaseintrittkante, und der Abschnitt, der die Abgase zum Auspuffrohr leitet, wird Gasaustrittkante genannt (Bild 23).

Die Welle (Bild 23) ist mit dem Turbinenrad verschweißt und bildet somit eine starre Verbindung zum Kompressorrad. Sie ist aus einer geringwertigeren Legierung als das Turbinenrad gefertigt. Für das Verschweißen wird ein spezielles Verfahren (Reibungsschweißen) angewendet, bei dem Welle und Turbinenrad in eine gegenläufige schnelle Umdrehung versetzt und aneinandergepreßt werden. Infolge der Reibungswärme verschmelzen beide Materialien an der Berührungsfläche und bilden danach eine Einheit.

In Höhe der Verschweißung befindet sich in der Welle ein Zwischenraum, der als Wärmebarriere die Wärmeübertragung vom

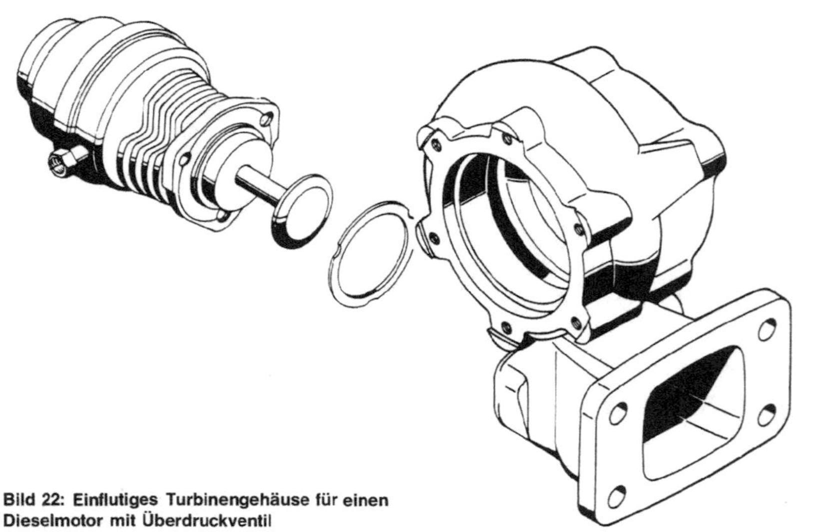

Bild 22: Einflutiges Turbinengehäuse für einen Dieselmotor mit Überdruckventil

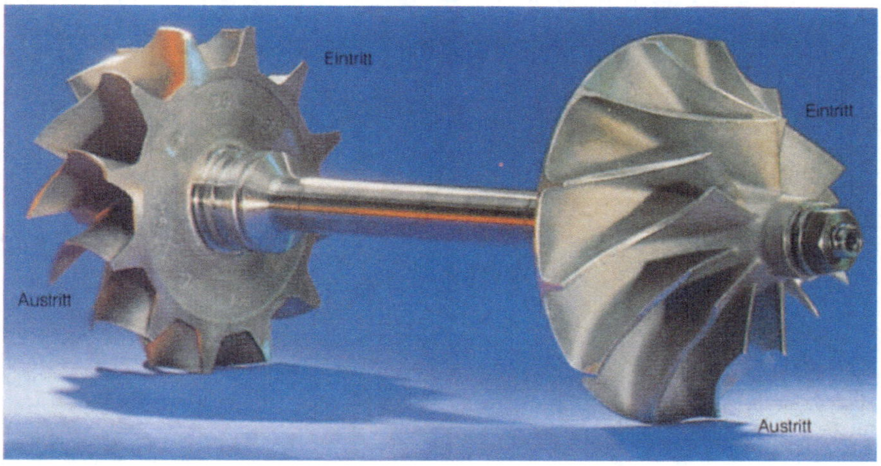

Bild 23

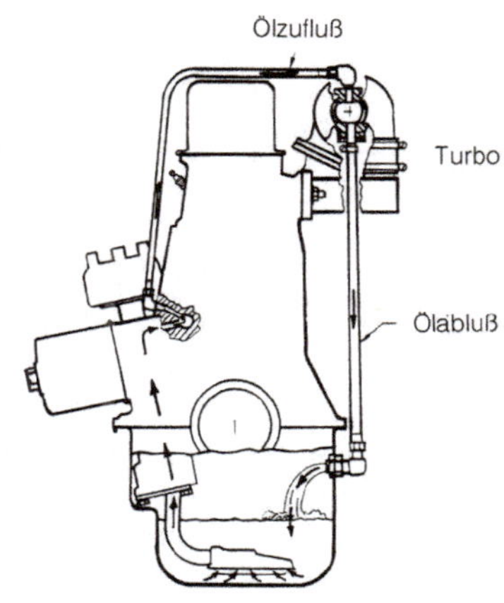

Bild 26: Schmiersystem eines Turboladers

Turbinenrad zur Welle hemmen soll. An der Turbinenseite der Welle befindet sich eine Nut, in die ein Kolbenring zur Abdichtung eingesetzt wird. Die Lauffläche der Radiallager wird gehärtet und feingeschliffen. Der Druckring für das Axiallager muß absolut senkrecht zur Wellenachse stehen und präzise bearbeitet sein. Das Kompressorrad wird auf das dünnere Wellenende im Preßsitz aufgeschoben. Das Wellenende ist mit einem Gewinde versehen, auf das eine Mutter zur Sicherung des Verdichterrades auf den Läufer geschraubt wird. Als letzter Arbeitsgang wird der Läufer sehr genau ausgewuchtet, bevor er in das Lagergehäuse eingebaut wird.

2.1.2 Kompressor

Das Kompressorgehäuse (Bild 24) bildet zusammen mit dem Kompressorrad (Bild 25) den Kompressor.

Die Größe des Kompressors wird vom Luftbedarf des Motors und der Drehgeschwindigkeit der Turbine bestimmt.

Das Kompressorrad ist starr mit der Turbi-

Bild 25

nenwelle verbunden und dreht sich mit derselben Drehzahl wie das Turbinenrad. Es sieht im Prinzip wie das Turbinenrad aus, nur wird es umgekehrt durchströmt.

Die Schaufeln des aus Aluminium hergestellten Kompressorrades sind so geformt, daß die gefilterte Luft über die Radmitte angesaugt wird. Daher wird dieser Teil Eintritt des Kompressors genannt (Bild 23). Die angesaugte Luft wird im Kompressorrad zum größeren Radumfang stark beschleunigt und am Austritt des Kompressorrades mit hoher Geschwindigkeit in den Diffuser entlassen. Im Diffuser wird die kinetische Energie der Luft in Druckenergie umgewandelt. Dies geschieht durch Verzögerung der Strömungsgeschwindigkeit. Die verdichtete Luft wird danach über den Ansaugkrümmer in den Motor gepreßt. Das Kompressorgehäuse ist wegen der geringen thermischen Belastung aus Aluminium gefertigt.

2.1.3 Lagergehäuse

Die Schmierung und Kühlung des Turboladers erfolgt über den Schmierölkreislauf des Motors (Bild 26).

Das Lager- oder Mittelgehäuse (Bild 27) bildet die Verbindung zwischen Turbine und Kompressor. Die Turbinenwelle dreht sich im Mittelgehäuse. Sie rotiert in einem schwimmenden Lagerungssystem, das aus einem oder zwei Radiallagern besteht. Von der Ölpumpe des Motors wird das Motoröl über verschiedene Kanäle zwischen das Lagergehäuse und die Lager, aber auch zwischen die Lager und die Welle gepreßt. Bei den meisten Turboladern drehen sich die Radiallager etwa halb so schnell wie die Welle.

Bild 24

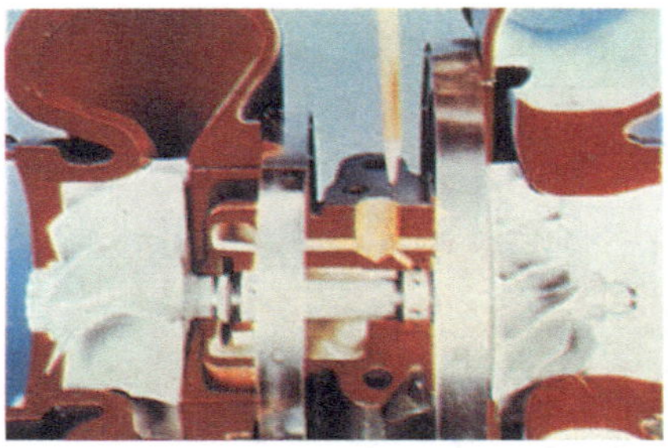

Bild 27

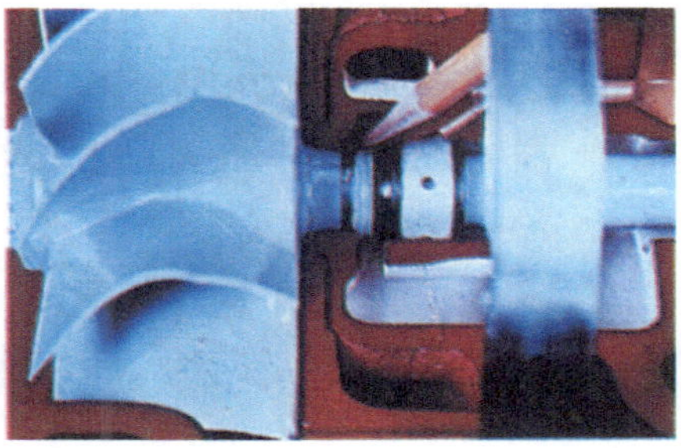

Bild 28

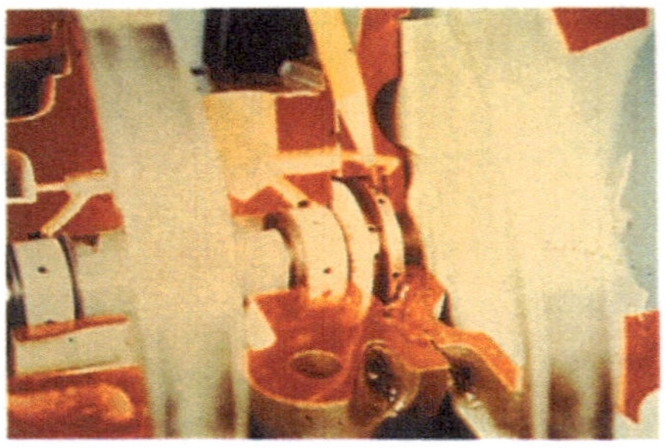

Bild 29

Aber es gibt auch neuere Versionen, bei denen das Radiallager fest montiert ist. Dabei schwimmt die Turbinenwelle gewissermaßen in einem Ölbad. Das Öl dient nicht nur zur Schmierung der Welle, sondern erfüllt auch eine wichtige Funktion als Kühlmittel für die Lager, die Welle und das Lagergehäuse.
Um ein Übertreten des Motoröls in das Verdichter- bzw. Turbinengehäuse zu verhindern muß das Lagergehäuse nach beiden Seiten abgedichtet werden. Hierzu werden bei der dynamischen Abdichtung Kolbenringe verwendet (Bild 28 und 29).
Diese Kolbenringe tragen zwar dazu bei,Ölleckagen zu verhindern, garantieren aber keine absolute Öladbdichtung. Eigentlich müßte man sie als eine Art Labyrinthdichtung bezeichnen, durch die der Gas- und Luftstrom von der Turbine bzw. vom Kompressor zum Lagergehäuse und umgekehrt erschwert wird. Wenn ein Turbolader normal arbeitet, sind die Drücke in der Turbine und im Kompressor höher als im Lagergehäuse. Dann werden Gase aus der Turbine und verdichtete Luft aus dem Kompressor teilweise in das Lagergehäuse geblasen und entweichen zusammen mit dem Öl über das Ölablaufrohr in das Kurbelgehäuse. Dies ist das Grundprinzip für die Abdichtung eines Turboladers.
In Bild 30 ist schematisch dargestellt, welchen Weg das Öl im Lagergehäuse eines TO4B-Turboladers von Garrett nimmt.
Hierbei sind alle Öldichtungen dynamische Dichtungen oder funktionieren nach dem Differenzdruckprinzip:

Bild 32: Schematischer Aufbau eines typischen Garrett-Turbos

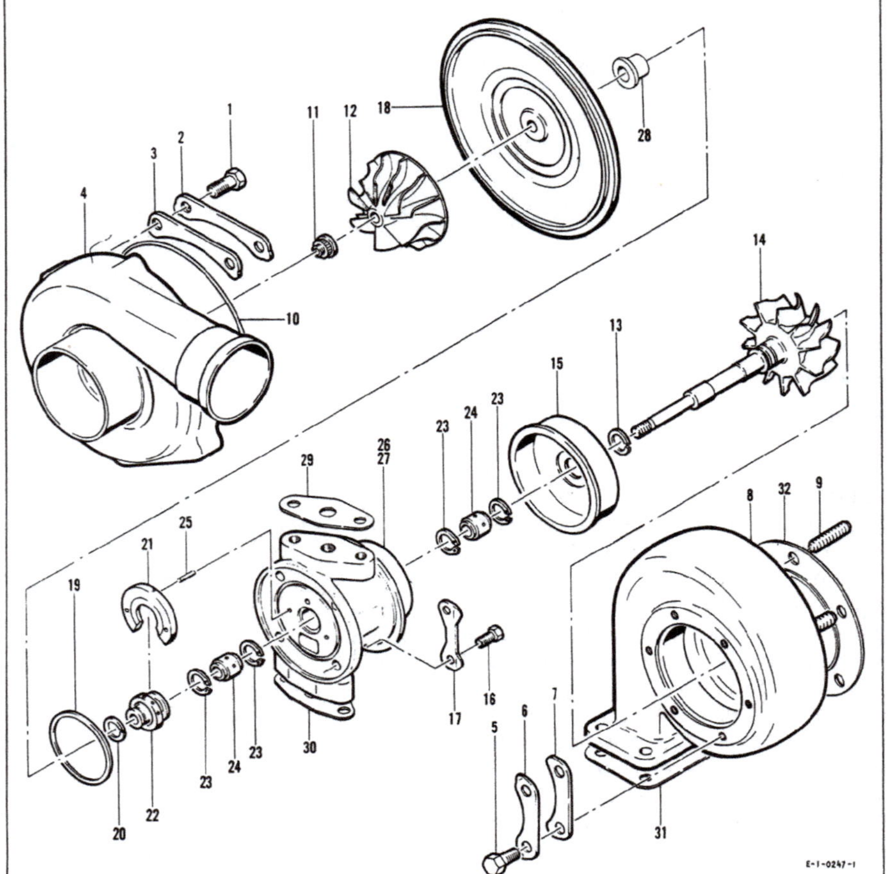

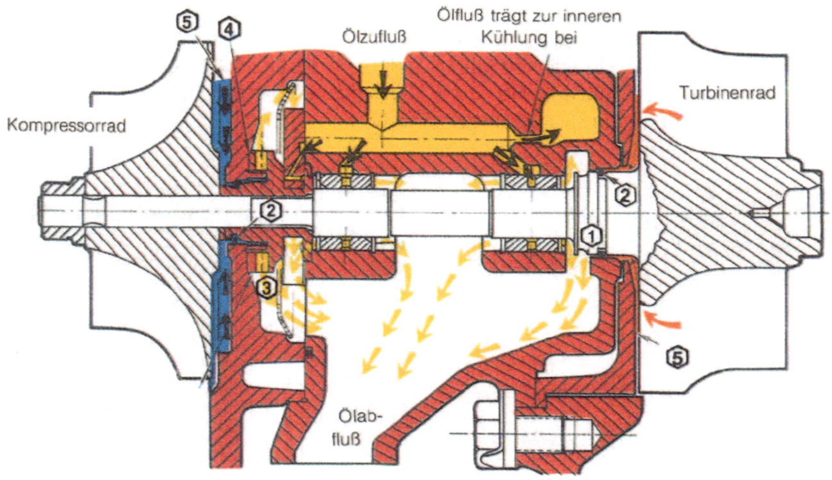

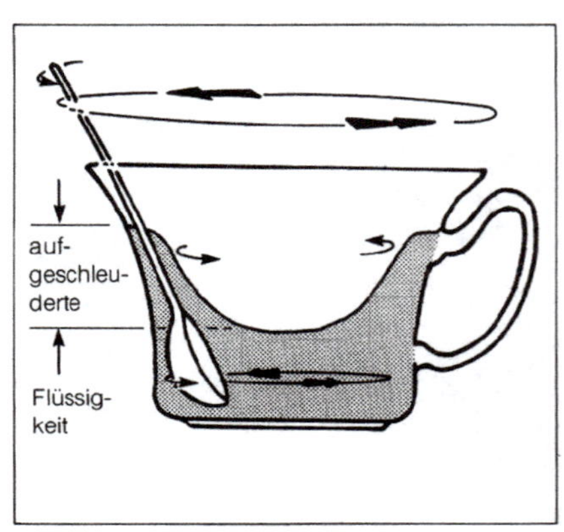

Bild 30

1 Durch einen vergrößerten Wellendurchmesser an der Turbinenseite wird dem Motoröl das Vordringen in Richtung Turbine erschwert. Zusätzlich werden die durch Drehbewegung der Läuferwelle erzeugten Zentrifugalkräfte genutzt, um das Öl in Richtung Ölauslaßbohrung fortzuschleudern.

2 Turbinenseitig liegt ein Kolbenring in einer Nut der Läuferwelle und preßt sich gegen einen entsprechenden Sitz im Lagergehäuse (siehe Bild 30).
Kompressorseitig liegt ein Kolbenring in der Distanzbuchse bzw. dem Ölschleuderring, einem Teil der Axiallagerung (Thrust-Collar) und läuft gegen eine abgestufte Bohrung in der Verdichterrückwand.
Damit sind diese Kolbenringe Bestandteil der Ölabdichtung und führen zusätzlich Wärme von der Welle zum Lagergehäuse ab.

3 Der Ölschleuderring rotiert genauso schnell wie die Welle. Über kleine Bohrungen am Außenrand der Buchse wird das Öl, wiederum unter Nutzung der Zentrifugalkräfte, abgepumpt.

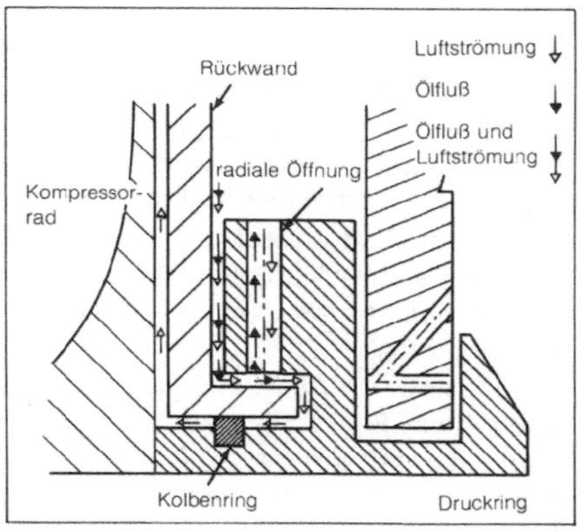

Bild 33

Bild 33

4 Die innere Form des Lagergehäuses, in dem der Ölschleuderring rotiert, unterstützt diese Abdichtungstechnik, indem das Öl über die Wand des Lagergehäuses in die Ölauslaßbohrung abfließt.

5 Die Ölmenge, welche die Abdichtungen in Richtung Turbine bzw. Kompressor überwindet, wird durch die Gasdrücke im Kompressor und in der Turbine in das Lagergehäuse zurückgepreßt.

Unter bestimmten Bedingungen, besonders beim Leerlauf bzw. beim Motorbetrieb ohne Last, ist der Druck im Lagergehäuse höher als im Kompressor. Der Kompressor eines Turboladers ist ein Kreiselverdichter, bei dem die kinetische Energie der (schnell umgeschleuderten) Luft im Diffusor in Druckenergie umgewandelt wird. Vereinfacht kann man sich vorstellen, daß wenn man Kaffee in einer Tasse mit einem Löffel schnell umrührt, dieser durch die Drehbewegung gegen die Tassenwand geschleudert wird, so wie es in Bild 31 gezeigt ist. Die Luft im Kompressor rotiert genauso und wird in den Diffusor geschleudert, worauf sie als Druckluft zum Motor strömt. Bei einem gering belasteten Motor, d. h. wenn der Ladedruck etwa Null ist, entsteht so auf

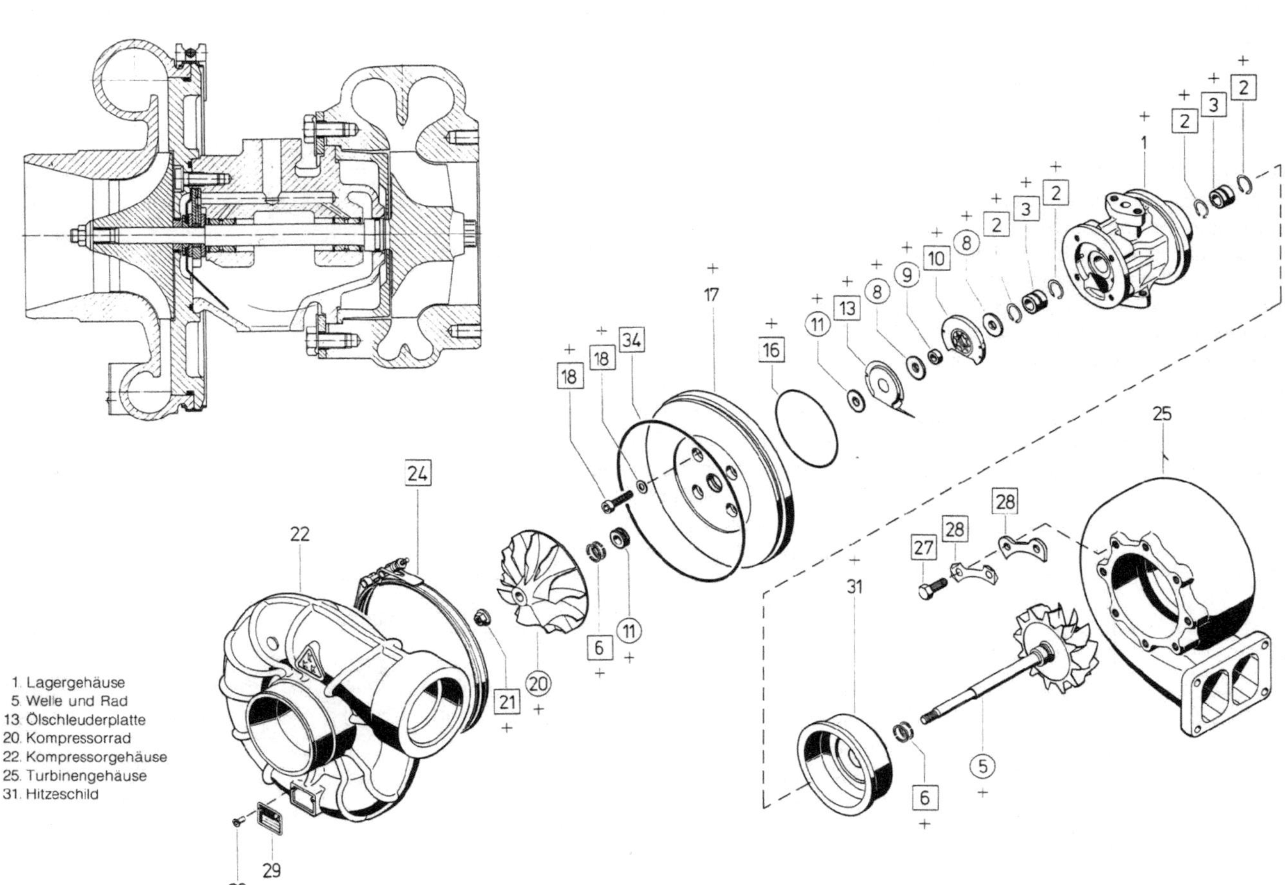

Bild 34: Schematischer Aufbau eines typischen KKK-Turbos

der Rückseite des Kompressorrades ein bestimmter Unterdruck.
In diesem Fall ist die Möglichkeit besonders groß, daß Öl aus dem Lagergehäuse in den Kompressor eindringt. Da die Drehzahl der Welle eines Turboladers extrem hoch ist, ist die Verwendung eines normalen Wellendichtrings, etwa wie in Getrieben, nicht möglich. Deshalb sind neben dem Kolbenring noch weitere Vorkehrungen getroffen, z. B. die als Ölschleuderring ausgelegte Distanzbuchse, welche das Auslaufen von Öl in die Endgehäuse weitgehend verhindern sollen.
Zum besseren Verständnis der Lage dieses Ölschleuderrings im Lagergehäuse ist dies nochmals schematisch in Abbildung 33 dargestellt.
Eine weitere technische Hilfe ist die Verwendung eines Ölleitblechs.
Von den meisten Turbolader-Herstellern wird ein solches Ölleitblech an der Kompressorseite des Lagergehäuses in dieser oder jener Form vorgesehen. Eigentlich handelt es sich um nichts weiter als eine fest angebrachte und nach unten abgeschrägte Platte, wobei die Schräge vom Kompressor weg in Richtung Ölablauf verläuft.
Wie in Bild 35 dargestellt, fließt das Öl von den Lagern an der Innenseite des Ölleitblechs nach unten zur Ölauslaßbohrung. Die Unterkante des Ölleitblechs ist so angebracht, daß sie einen ausreichenden Abstand zum normalen Ölstand im Lagergehäuse hat. Bei einem eventuellen Unterdruck im Kompressor werden dadurch die leichteren Gase einfacher angesaugt als das schwerere Öl. So wirkt das Ölleitblech auf einfache, aber wirksame Art als Ölabscheider.
Auf der Turbinenseite des Turboladers ist dieses Problem nicht so gravierend, weil der Druck in der Turbine unter Normalbedingungen immer höher ist als der Druck im Lagergehäuse. Da jedoch unter bestimmten Anwendungsbedingungen der Turbinendruck doch niedriger sein kann, werden auch an der Turbinenseite die Zentrifugalkräfte zum Wegschleudern des Motoröls genutzt. Dies geschieht durch eine Nut, die vor der Kolbenringnut in die Läuferwelle eingebracht ist.
Die Konstruktion des Lagergehäuses gewährleistet Ölführung und Abdichtung. Die Wärmeübertragung von der Turbine zu den Lagern und zum Kompressor wird konstruktiv unterbunden. So sind im und am Lagergehäuse Wärmebarrieren eingebaut, z. B. in Form eines Hitzeschilds zwischen Lager- und Turbinengehäuse.
Welche Bedeutung das Verhindern von Wärmeübergang aus der Turbine bzw. der schnelle Abbau der Temperaturen im Lagergehäuse hat, wird dadurch unterstrichen, daß Garrett die Baureihe TA03 und TB04 für den kleineren Nkw-Dieselturbo seit März 1989 mit Lagergehäusen ausstattet, welche mit Kühlrippen versehen sind. Dies ist eine Technik, welche ursprünglich nur bei Turboladern für Benzinmotoren angewendet wurde, da diese thermisch wesentlich höher belastet sind.

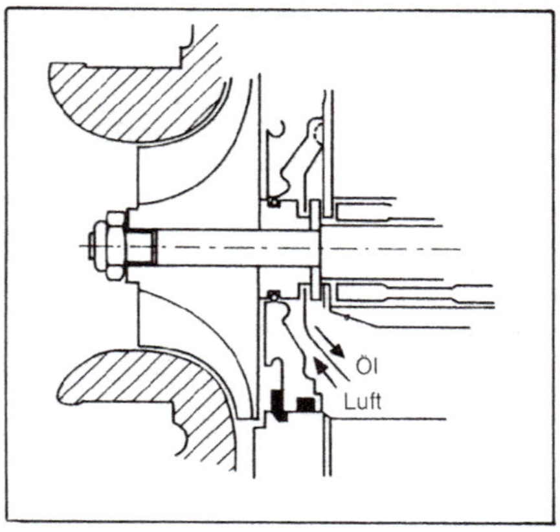

Bild 35

2.2 Fehlersuche beim Turbo-Dieselmotor

Ein Turbolader muß an einem gut funktionierenden und ordentlich gewarteten Motor jahrelang zuverlässig arbeiten.
Treten Schwierigkeiten auf, kommt zumeist eine der folgenden Ursachen in Betracht:
- Schmierölmangel,
- Verunreinigung des Schmieröls
- Eindringen von Fremdkörpern.

Vielfach werden Turbolader unnötigerweise ausgebaut, weil die richtige Vorgehensweise der Fehlersuche nicht beachtet wird, bzw. der Turbolader voreilig als defekt angesehen wird. Nachdem die Fehler festgestellt wurden, die die Arbeitsweise eines Turbo-Dieselmotors stören, können die notwendigen Reparaturen durchgeführt werden. Damit verhindert man zumeist, daß ein neuer Turbolader eingebaut werden muß. Selbst wenn der Turbolader ausgetauscht werden muß, ist es erforderlich, der Ursache des Defekts auf den Grund zu gehen. Die notwendigen Reparaturen am Motor müssen dann vor der Montage des neuen Turboladers vorgenommen werden. Wird dies nicht berücksichtigt, kann es zu einem sofortigen Ausfall des neuen Turboladers kommen.

Bild 36

Bild 37

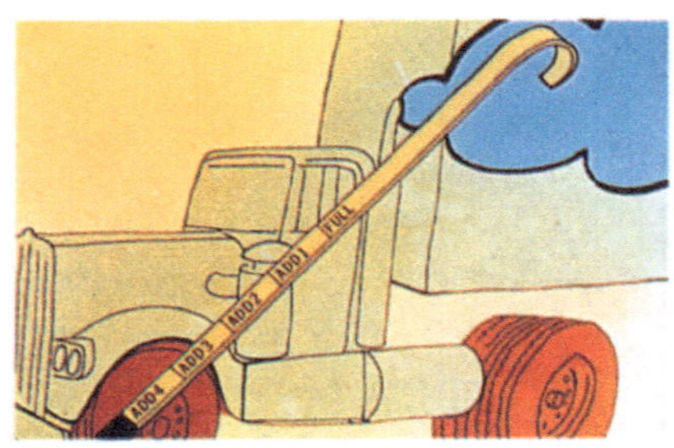

Bild 38

Bild 39

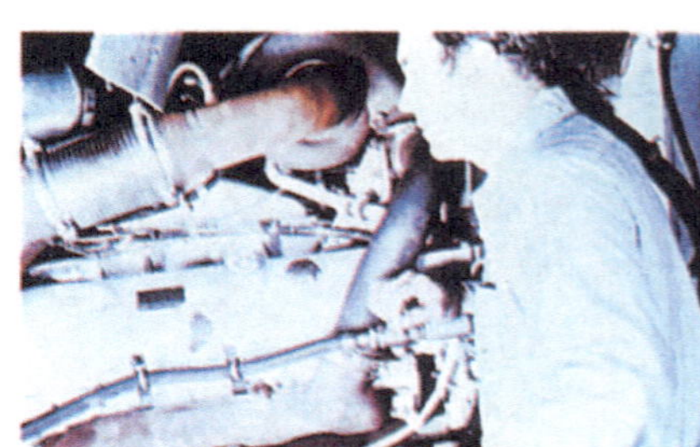

Bild 40: Der 1. Schritt bei der Diagnose: Geräuschkontrolle

Die häufigsten Anzeichen für Störungen des Turboladers sind:

1. Der Motor hat zu wenig Leistung (Bild 36).
2. Schwarzer Rauch (Bild 37).
3. Blauer Rauch (Bild 38).
4. Zu hoher Ölverbrauch (Bild 38).
5. Der Turbolader macht Geräusche (Bild 39).

Diese Anzeichen werden im folgenden erläutert.

2.2.1 Zu geringe Motorleistung und schwarzer Rauch

Beides deutet auf eine zu geringe Luftzufuhr zum Motor hin, wobei die Ursache eine Verstopfung in der Luftzufuhr oder eine Leckage im Ansaug- oder Auspuffsystem sein kann. Bei der Untersuchung einer Turboladerstörung muß als erster Schritt der Motor gestartet und der Turbolader sowie sein Umfeld auf Geräusche geprüft werden.
Mit ein wenig Erfahrung wird man schnell in der Lage sein, anhand des hohen Pfeiftons eine Leckage zwischen Kompressorauslaß und Motor oder zwischen Abgaskrümmer und Turbolader zu orten. Schwankt der Ton nach oben und unten oder variiert seine Intensität, so ist die Ursache wahrscheinlich ein verschmutzter Luftfilter, lose Stoffe in der Leitung, die zum Kompressor führt oder festgefressener Schmutz auf dem Kompressorrad und im Kompressorgehäuse.

Nach der Geräuschkontrolle sollte geprüft werden, ob der Luftfiltereinsatz verunreinigt ist. Im Zweifelsfall sollte man den Luftdurchsatz nach Angaben des Motorenherstellers prüfen. Danach wird der Motor abgestellt und der Luftschlauch zwischen Luftfilter und Turbolader demontiert.
Zu prüfen ist, ob sich Schmutz festgesetzt hat oder Schäden durch Fremdkörper entstanden sind. Danach sind die Schlauchschellen an der Kompressoraustrittsleitung sowie die Schrauben, Dichtungen usw. am Motoransaugkrümmer zu kontrollieren. Im Anschluß sollte das Auspuffrohr abgebaut und auf mögliche Verstopfungen geprüft werden.
Bei den Kontrollen sollte gleichzeitig der Auspuffkrümmer auf Risse, lose Muttern oder durchgebrannte Dichtungen geprüft werden. Danach ist die Welle des Turboladers mit der Hand zu drehen. Festgestellt werden soll, ob sie sich leicht drehen läßt oder ob es Anzeichen für Schleifen oder beschädigte Schaufelräder gibt. Eine bestimmte Axial- bzw. Radialluft, d. h. Spiel in der Lagerung der Läuferwelle, ist normal. Ist die Lagerluft jedoch so groß, daß die Schaufelräder beim Drehen des Läufers am Turbinen- oder Kompressorgehäuse anlaufen, ist der Verschleiß zu groß. (Axialluft ist das Längsspiel in Wellenrichtung. Mit Radialluft bezeichnet man die zulässige Auf- und Abbewegung der Welle.)
Stößt man auf keinen der beschriebenen Fehler, so wird der Leistungsmangel nicht vom Turbolader verursacht. In diesem Fall ist mit Hilfe des Handbuchs des Motorherstellers der Motor selbst zu kontrollieren, insbesondere auf einwandfreie Funktion der Kraftstoffzufuhr.

2.2.2 Blauer Rauch

Blauer Rauch zeigt an, daß Öl verbrennt. Dafür können aus dem Turbolader ausfließendes Öl oder andere Ursachen im Motor selbst verantwortlich sein.
Zuerst ist der Luftfilter zu kontrollieren. Ist die Luftzufuhr behindert, kann Öl kompressorseitig am Turbolader austreten. Es entsteht ein zu hoher Unterdruck hinter dem Kompressorrad, wodurch das Öl aus dem Lagergehäuse in den Kompressor gesaugt wird. Der nächste Schritt ist, den Motor abzustellen, die Luftschläuche zu demontieren sowie zu prüfen, ob die Welle frei rotiert und die Räder nicht an die Gehäuse anlaufen oder beschädigt sind.
Danach sollte die Ölablaufleitung auf Engstellen, Verstopfungen oder Beschädigungen kontrolliert werden. Eine verstopfte Ölablaufleitung oder ein zu hoher Druck im Kurbelgehäuse (z. B. wegen einer verstopften Kurbelgehäuseentlüftung) sind der Grund, daß der Ölablauf aus dem Turbolader unterbrochen bzw. behindert wird. In beiden Fällen baut sich in der Ölablaufleitung Druck auf. In Folge sucht sich das Öl einen anderen Ausgang, nämlich auf der Kompressor- und Turbinenseite des Turboladers. Es ist daher zu prüfen, ob der Druck im Kurbelgehäuse nicht zu hoch ist. Dies

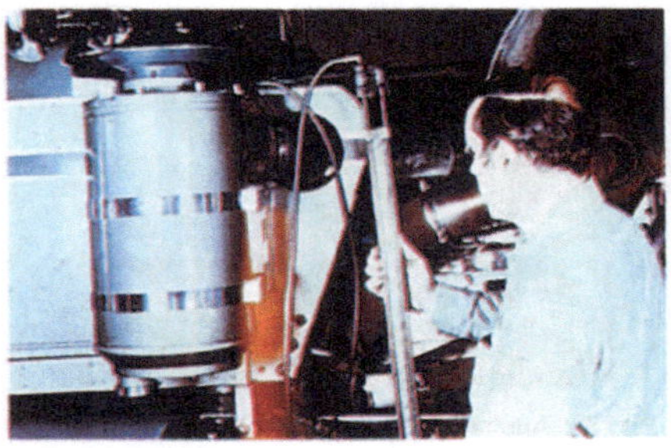

Bild 41: Luftfilter prüfen

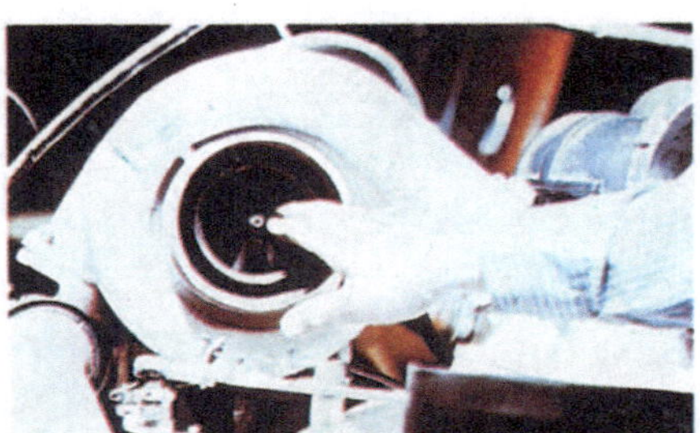

Bild 42: Kompressorrad inspizieren

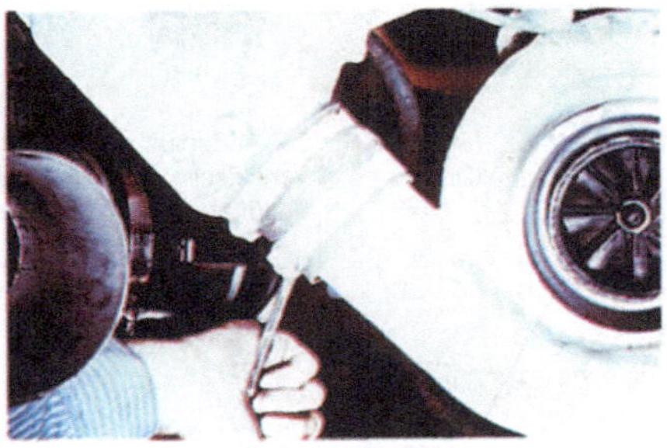

Bild 43: Luftschläuche kontrollieren

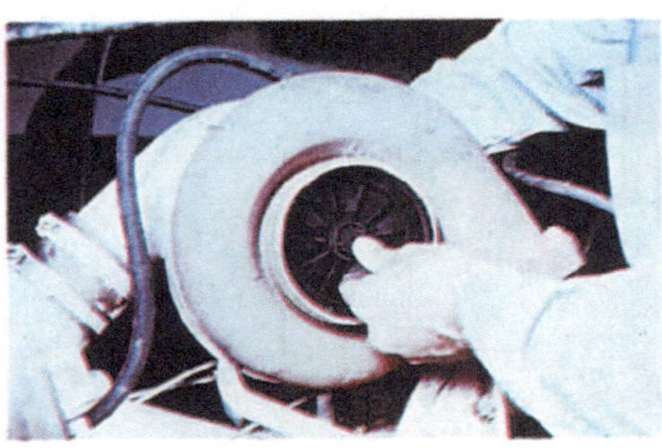

Bild 44: Radialluftspiel prüfen

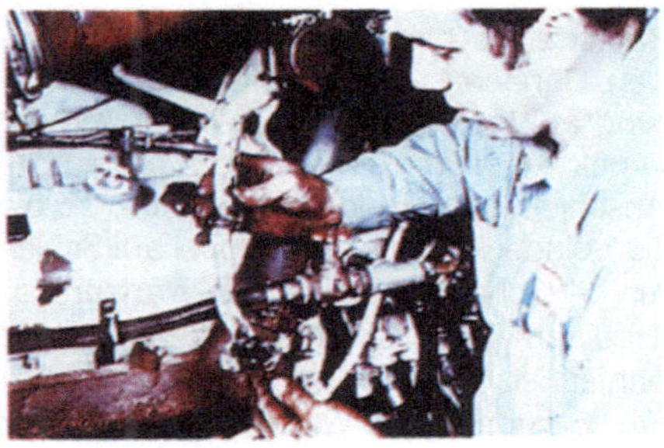

Bild 45: Ölabfluß kontrollieren

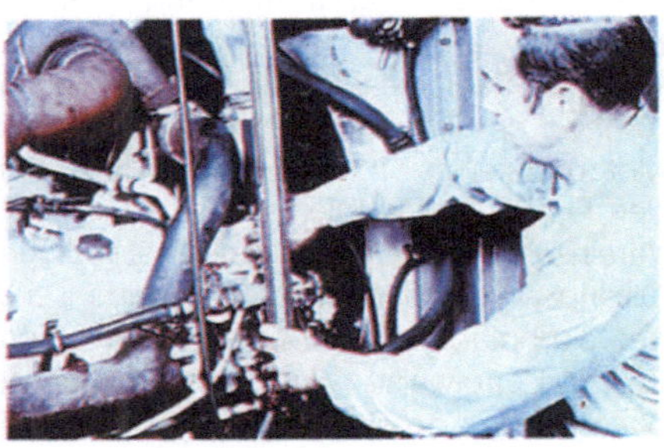

Bild 46: Druck im Kurbelgehäuse messen

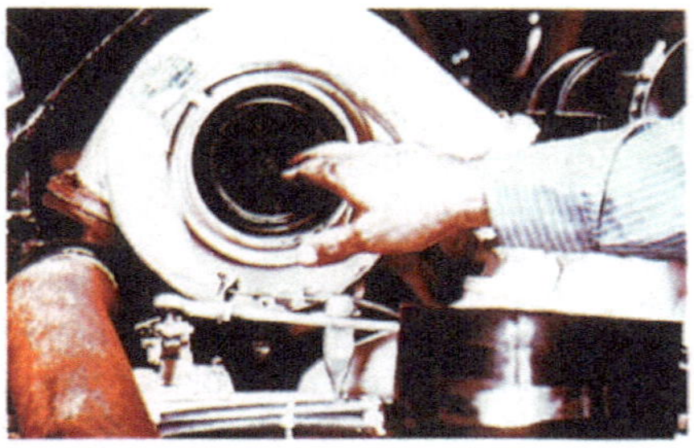

Bild 47: Laufräder auf Schleifen an den Wänden kontrollieren
Hartnäckiger Ölverlust an der Turbinenseite eines Turbos, der in einem guten Zustand ist.

geschieht durch Messen des Drucks und Vergleich mit den Daten des Motorherstellers.
Hierbei sollte beachtet werden, daß nicht nur das Öl zum Kurbelgehäuse geführt werden muß, sondern auch noch eine beachtliche Menge von Druckluft- und Abgasen vom Kompressor bzw. der Turbine aus dem Lagergehäuse. Das Schmieröl, das den Turbolader verläßt, ist daher auch mehr Schaum als Öl: Auf jeden Teil abgeführtes Öl kommen etwa 4 bis 5 Teile Gase, die in das Kurbelgehäuse gelangen.
Zum Abschluß ist der Ansaugkrümmer abzubauen und zu kontrollieren, ob sich dort Öl bemerkbar macht. Sollten Ölspuren vorhanden sein, ist das Motorhandbuch für die weitere Reparatur zu benutzen.

2.2.3 Ungewöhnlich hoher Ölverbrauch ohne blauen Rauch

Zuerst sollte der Luftfilter kontrolliert werden. Danach ist die Kompressoraustrittsleitung auf lose Schlauchschellen sowie der Druck im Kurbelgehäuse zu prüfen. Im Anschluß sollte festgestellt werden, ob die Turboladerwelle frei läuft, wobei auf Schleifen der Schaufelräder an den Wänden des Turbinen- oder Kompressorgehäuses zu achten ist.
Eine Berührung der Wand durch die Räder kann man spüren, indem man die Welle dreht und sie dabei in Längsrichtung bewegt.
Wird kein Fehler festgestellt, muß die Suche anhand der Richtlinien im Handbuch des Motorherstellers fortgesetzt werden, um den Fehler zu lokalisieren.
Vereinzelt kommt es zu einem ständigen Ölverlust, vor allem an der Turbinenseite des Turboladers, obwohl er einen guten Zustand aufweist. Aus der Praxis ist bekannt, daß dafür mangelhafter Ölablauf oder zu hoher Druck im Kurbelgehäuse des Motors verantwortlich sind. Über den Ölablauf muß ja nicht nur Öl, sondern auch eine große Gasmenge abgeführt werden. Das ideale Ölablaufrohr verläuft nahezu senkrecht und im Verlauf gerade vom Turbolader nach unten bis über den Ölstand im Kurbelgehäuse (Bild 48).

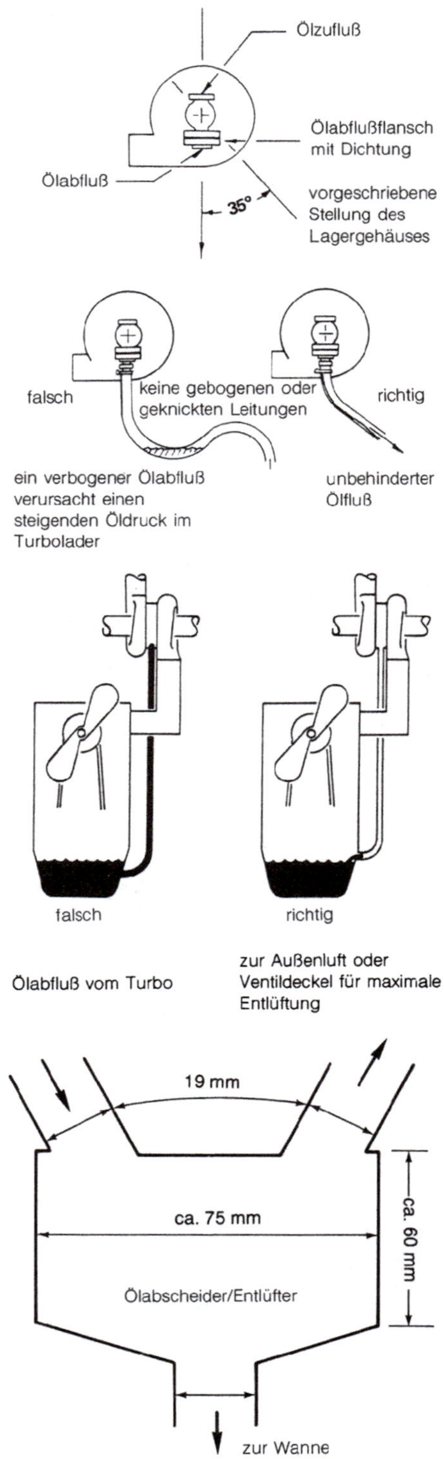

Bild 48: Ölabfluß (zum Sumpf) oberhalb des Ölstands

Enthält die Ölablaufleitung schwierig zu passierende Einbuchtungen oder waagerechte Abschnitte, dann besteht die Gefahr, daß sich Öl in der Leitung ansammelt oder sich eine Luftblase bildet (Bild 48). Dadurch kann das Öl nicht mehr so schnell in das Kurbelgehäuse abgeführt werden. Zur Verdeutlichung: wenn man Wasser durch einen Schlauch aus einem Behälter in einen anderen fließen läßt, kann man beobachten, daß, solange der Schlauch vollständig mit Wasser gefüllt ist, alles hervorragend läuft. Dagegen hemmen Luftblasen den Wasserfluß oder unterbrechen ihn sogar.
Damit wird deutlich, daß die Ölablaufleitung einen ausreichend großen Durchmesser haben muß. Bei kleineren Turboladermodellen wie dem T3 oder TO4B von Garrett oder den 3LD/3LKS-Modellen von

Bild 49: Schleifendes Kompressorrad

Bild 50: Austausch-Turbo

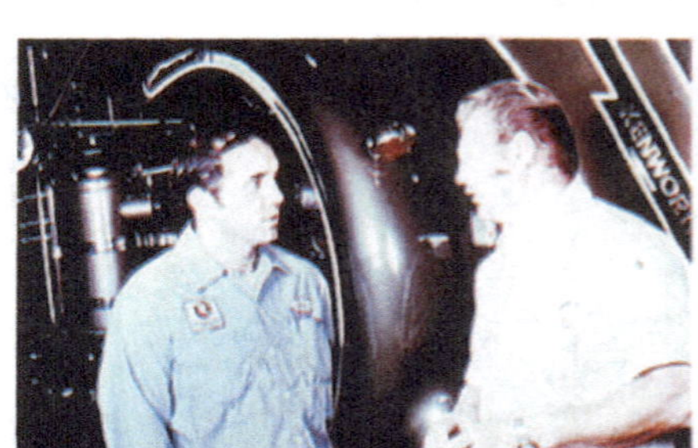

Bild 51: Gute Ratschläge gehören zum Service

Holset, KKK und Schwitzer hat die Ölablaufleitung schon einen Durchmesser von etwa 20 mm. Wie bereits erwähnt, muß die Ölablaufleitung idealerweise direkt und ohne Krümmungen oder waagerechte Abschnitte in das Kurbelgehäuse bis über den Ölspiegel führen. Leider verlegen Motorenhersteller die Ölablaufleitung oft so, daß diese Forderung nicht optimal erfüllt ist. Vor allem bei älteren Motoren mit höherem Druck im Kurbelgehäuse können dann große Probleme auftreten. Solche Schwierigkeiten können meist nur mit einer zusätzlichen Entlüftung an der Ölablaufleitung beseitigt werden.
Ken Parker, Service-Ingenieur bei Garrett, mit über dreißigjähriger Turbolader-Erfahrung, hat dafür einen sehr einfachen und praktischen Ölabscheider/Entlüfter entworfen, der von jedermann leicht herzustellen und anzubringen ist (Bild 48).

2.2.4 Starke Geräusche im Turbolader

Zunächst sind alle Druckleitungen des Kompressoreintritts und -austritts, des Motorauslasses usw. zu kontrollieren. Zu prüfen ist, ob die Turboladerwelle frei läuft und ob die Schaufelräder nicht an den Gehäusen schleifen oder durch eingedrungene Fremdkörper beschädigt sind. Wird festgestellt, daß die Schaufelräder schleifen oder beschädigt sind, sollte der Turbolader ausgetauscht werden. Beim Einbau des Ersatz-Turboladers ist die Beachtung der Montagevorschriften von größter Bedeutung.

- Die Ölab- und Zulaufleitung sowie die Kurbelgehäuseentlüftung sind vollständig zu demontieren und sorgfältig auf mögliche Verstopfungen oder Verengungen zu kontrollieren.
- An der Ölzu- und Ölablaufleitung dürfen nie flüssige Dichtungsmaterialien verwendet werden, die meisten lösen sich im heißen Öl auf, verunreinigen es und verstopfen die Ölbohrungen im Lagergehäuse, was zu Schäden an den Lagern des Turboladers führen würde.
- Vor der Montage des Turboladers muß eine Vorschmierung durch Auffüllen des Lagergehäuses mit Motoröl erfolgen.
- Das Motoröl ist zu wechseln, und neue Öl- und Luftfilter sind einzusetzen.

Dem Fahrer sollte immer erläutert werden, wie der Motor richtig anzulassen und abzustellen ist. Wird der Motor bei hohen Drehzahlen abgestellt, so läuft die Turboladerwelle noch eine ganze Weile weiter, ohne von der Ölpumpe mit Öl versorgt zu werden. Das kann zu Schäden an den Lagern des Turboladers führen. Man sollte den Motor in jedem Fall vor dem Abstellen ca. 30 Sekunden bei Leerlaufdrehzahl nachlaufen lassen.
Auch nach dem Starten sollte der Motor zunächst 30 Sekunden in Leerlaufdrehzahl drehen, bevor er auf höhere Drehzahlen gebracht wird.
Erkundigen Sie sich beim Fahrer auch ruhig einmal danach, ob er das Motoröl und das Ölfilter vorschriftsgemäß erneuert. Prüfen Sie zusammen mit ihm, ob das richtige Öl verwendet und wie häufig es gewechselt wird (Bild 51).
Bild 52 zeigt, daß der Gas- und Luftaustritt bei allen Fehlersymptomen eine große Rolle spielt. Bei Gas- bzw. Luftaustritt kommt es

PROBLEME: MANGELHAFTE LEISTUNG DES MOTORS	SCHWARZRAUCH	HOHER ÖLVERBRAUCH	BLAURAUCH	TURBOLADER MACHT GERÄUSCHE	ZYKLISCHES TURBOLADERGERÄUSCH	ÖLLECKAGEN AN KOMPRESSOR	ÖLLECKAGEN AN DER TURBINE	URSACHE	ABHILFE
X	X	X	X			X		zugesetzter Luftfilter	neuen Luftfilter einsetzen gemäß Herstellerempfehlung
	X	X	X	X	X	X		Verengung in der Ansaugleitung zum Kompressor	Verengung beseitigen oder Leitung erneuern
X	X			X				Verengung im Druckrohr vom Kompressor zum Einlaßkrümmer	Verengung beseitigen oder Leitung erneuern
X	X			X				Verengung im Einlaßkrümmer	Wartungshandbuch des Motorherstellers zu Rate ziehen und Verengung beheben
X	X	X	X	X				Undichtheit an der Saugleitung zwischen Filter und Kompressor	undichte Stelle abdichten oder durch Nachziehen der Befestigungselemente beheben
X	X	X	X	X				Luftleckage zwischen Kompressor und Einlaßkrümmer	Leckage abdichten und/oder durch Nachziehen der Befestigungselemente beheben
X	X	X	X	X		X		Luftleckage zwischen Einlaßkrümmer und Zylinderkopf	Wartungshandbuch des Motorherstellers zu Rate ziehen, Dichtung erneuern und/oder Schrauben nachziehen
X	X					X		Verengung im Auspuffkrümmer	Wartungshandbuch des Motorherstellers zu Rate ziehen und Verengung beheben
X	X			X		X		Verengung im Auspuffrohr oder Schalldämpfer	Verengung beheben oder schadhafte Rohrleitung oder Schalldämpfer erneuern
X	X			X		X		Abgasleckage zwischen Zylinderkopf und Auspuffkrümmer	Wartungshandbuch des Motorherstellers zu Rate ziehen, Dichtung erneuern und/oder Schrauben entsprechend Vorschrift nachziehen
				X				Abgasleckage zwischen Auspuffkrümmer und Turbineneinlaß	Dichtung erneuern und Schrauben vorschriftsmäßig anziehen
		X	X			X	X	Abgasleckage zwischen Turbinenauslaß und Auspuffrohr	Wartungshandbuch des Motorherstellers zu Rate ziehen und Leckage beheben
		X	X			X	X	Verengung in der Ölablaufleitung	Verengung beheben oder Leitung vorschriftsmäßig erneuern
		X	X			X	X	Verengte oder verstopfte Kurbelgehäuseentlüftung	Wartungshandbuch des Motorherstellers zu Rate ziehen und Kurbelgehäuse-Entlüftung reinigen
X	X							Lagergehäuse des Turboladers verschlammt oder verkokt	Ölwechsel durchführen, Ölfilter erneuern, Turbolader überholen oder durch einen neuen ersetzen
X	X							Kraftstoffsystem defekt oder falsch eingestellt	Wartungshandbuch des Motorherstellers zu Rate ziehen, fehlerhafte Teile vorschriftsmäßig einstellen oder erneuern
X	X	X	X			X	X	Nockenwelle verstellt	Wartungshandbuch des Motorherstellers zu Rate ziehen und verschlissene Teile erneuern
X	X	X	X			X	X	Verschlissene Kolbenringe oder Zylinderlaufbüchsen (Blow-by)	Wartungshandbuch des Motorherstellers zu Rate ziehen und Motor vorschriftsmäßig überholen
X	X	X	X	X	X	X	X	motorseitiges Problem (Ventile, Kolben etc.)	Wartungshandbuch des Motorherstellers zu Rate ziehen und Motor vorschriftsmäßig überholen
X	X	X	X	X		X	X	Schmutzablagerung im Kompressorrad oder im Diffusor	Kompressor mit einem nicht ätzenden Reiniger und mit einer weichen Bürste reinigen. Luftleckage suchen und abdichten, Motoröl und Ölfilter wechseln
X	X	X	X	X		X	X	Beschädigter Turbolader	Schaden am Turbolader analysieren, Schadensursachen beheben, Turbolader überholen oder durch neuen ersetzen
X								Fehlfunktion des Bypassventils	Prüfen Sie die Funktion von Bypassventil und Ladedruckregeldose

Bild 52

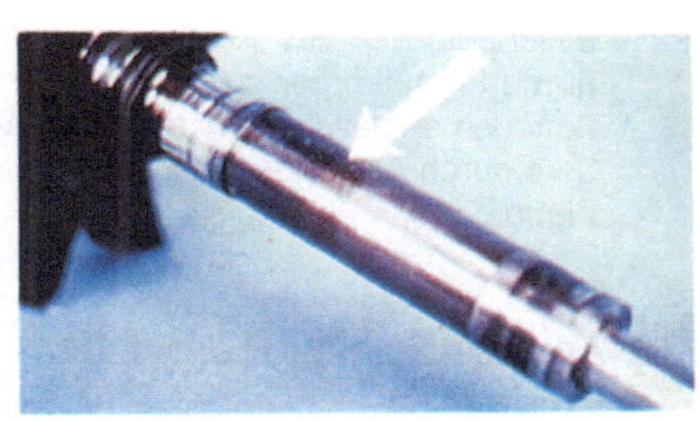

Bild 53

immer zu starken Geräuschen und der Wirkungsgrad des Turboladers sinkt, was wiederum die Leistung des Motors beeinflußt. Geht Luft verloren, so kann auch das die Ursache für starke Rauchbildung sein: zuviel Kraftstoff wird mit zu wenig Luft verbrannt. Manchmal wird behauptet, daß durch den Austausch des Turboladers die Geräuschprobleme verschwunden sind. Mit anderen Worten: Der Fehler muß einfach im Turbolader liegen, auch wenn gar kein Defekt festgestellt wurde. In vielen Fällen werden jedoch beim Austausch des Turboladers die Verbindungen wieder gas- und luftdicht verschlossen und allein dadurch das Problem gelöst.

Zusammenfassung

Fehlersuche beim Turbolader-Dieselmotor:

1. Hat der Motor zu wenig Leistung und gibt schwarzen Rauch ab, sind folgende Punkte zu kontrollieren:
   - Luftfilter (Verschmutzung)
   - Schlauchschellen an den Luftleitungen (fester Sitz)
   - Auspuffkrümmer, Dichtungen, Auspuffanlage
   - Turbolader (Schleifspuren an den Schaufelrädern)

2. Gibt der Motor blauen Rauch ab und hat einen hohen Ölverbrauch, ist folgendes zu prüfen:
   - Luftfilter (Verschmutzung)
   - Lager des Turboladers und Öldichtungen (Schäden)
   - innere Verstopfung des Turboladers durch verunreinigtes oder verkoktes Öl
   - Ölablaufleitung und Kurbelgehäuseentlüftung
   - ausreichender Ölstand im Motor

3. Bei Turboladergeräuschen wird folgendes kontrolliert:
   - Schlauchschellen der Luftleitungen (fester Sitz)
   - Auspuffanlage (Löcher)
   - Beschädigung des Kompressorrads durch Fremdkörper
   - Schäden an den Lagern des Turboladers durch Ölmangel oder -verunreinigung

2.3 Analyse defekter Turbolader

Im folgenden Abschnitt werden Beispiele für Schäden am Turbolader aufgeführt und

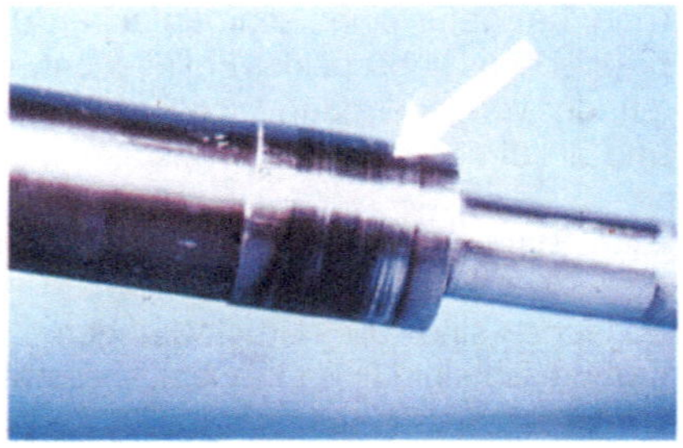
Bild 54

Bild 55

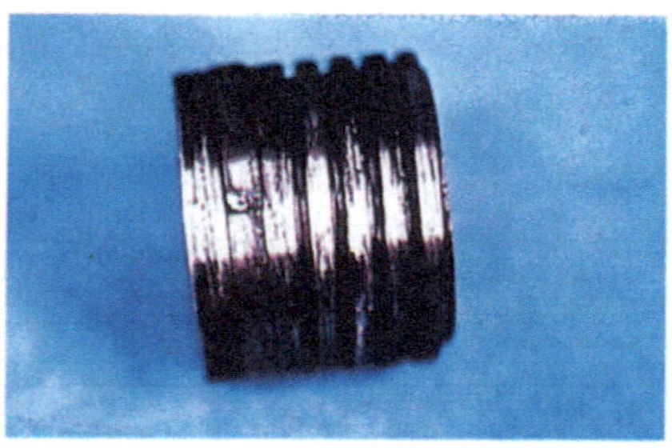
Bild 56

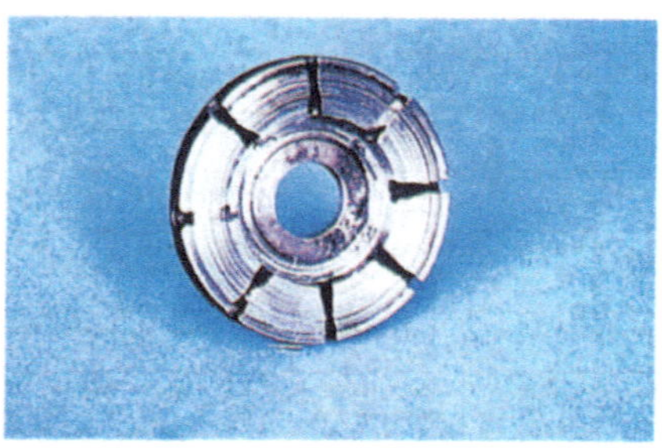
Bild 57

Bild 58

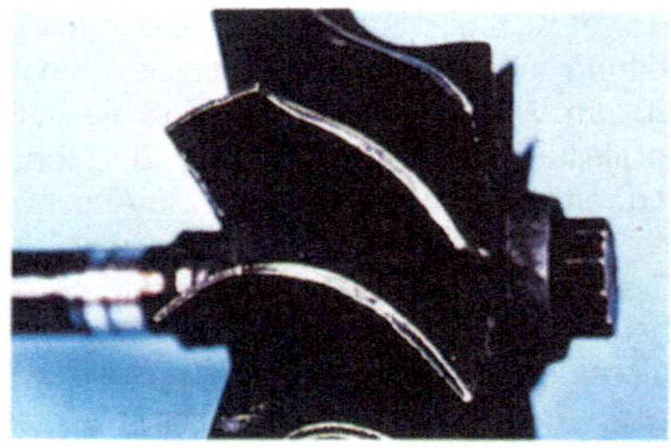
Bild 59

Bild 60

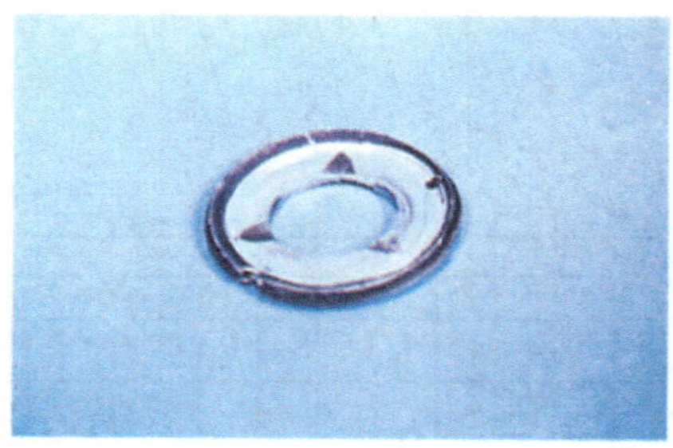
Bild 61

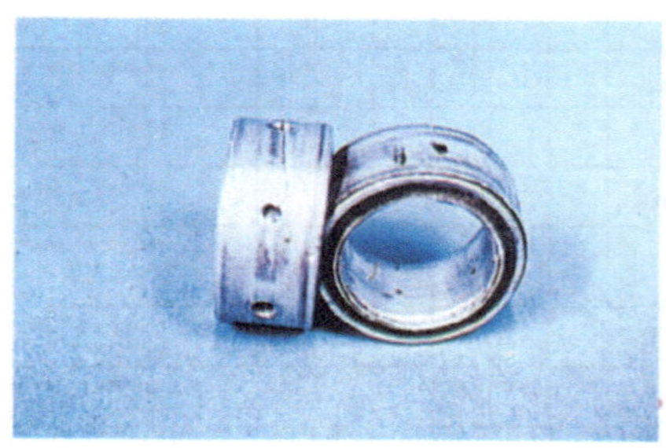
Bild 62

Bild 63

deren Ursachen untersucht. Wie bereits erwähnt, kommen drei grundsätzliche Ursachen für derartige Schäden in Frage:
- Mangelschmierung,
- Verunreinigungen im Öl sowie
- Eindringen von Fremdkörpern.

2.3.1 Mangelschmierung

Die ersten Schäden, die bei Schmierölmangel auftreten, sind defekte Lager. Nachdem ein oder mehrere Lager beschädigt sind, kommt es zu weiteren Schäden wie Anlaufen der Schaufelräder, Nachlassen der Ölabdichtungen im Lagergehäuse und möglicherweise sogar Wellenbruch.
Unter normalen Bedingungen arbeiten die Welle und die Lager bei Temperaturen von 60 °C bis 90 °C. Bei Mangelschmierung kommt es zur Aufheizung der Wellen des Turbinenrads. Zusammen mit der Reibungswärme läßt der Wärmestrom die Wellentemperatur bis auf etwa 400 °C ansteigen, wodurch das Restöl verbrennt und die Welle sich verfärbt (siehe Bild 53).
Gleichzeitig erwärmen sich die Lager sehr stark, wobei sich Lagerwerkstoff auf der Welle absetzen bzw. aufschweißen kann (Bild 54).
Die Bronzelager in Bild 55 wurden völlig überhitzt. Man sieht es am weggebrochenen Lagermaterial an der Unterseite der inneren Lauffläche des linken Lagers. Im rechten Lager sind auch teilweise verstopfte Ölbohrungen zu erkennen.
Hat die Welle einen Schlag, führt das zu starkem Verschleiß der Außenseite der Lager (Bild 56). Sichtbar wird dann auch, daß die Kolbenringe ihre Spannung verloren haben.
Bild 57 zeigt, wie stark die Lagerfläche des Drucklagers verschlissen ist, was dazu führt, daß die Ölkanäle völlig offenliegen.
Extreme Reibungswärme zwischen Druckring und Axiallager hat das Material des Axiallagers weggeschmolzen und die Verdichterrückwand durch Einlaufen des Ölschleuderrings (Thrust-Collar) zerstört (Bild 58).
Beim Turbinenrad in Bild 59 ist es, nachdem die Lager defekt waren, zum Schleifen an den Wänden des Turbinengehäuses gekommen.
Die Schaufeln des Kompressorrads in Bild 60 sind, als sie beschädigt wurden, an der Wand des Kompressorgehäuses angelaufen. Achten Sie auf die Verformung der Schaufeln, die auch teilweise gegen die Laufrichtung abgeschabt wurden. In diesem Fall war sogar die Welle gebrochen.
In Bild 61 sind die Bohrungen für die

Bild 64

Bild 65

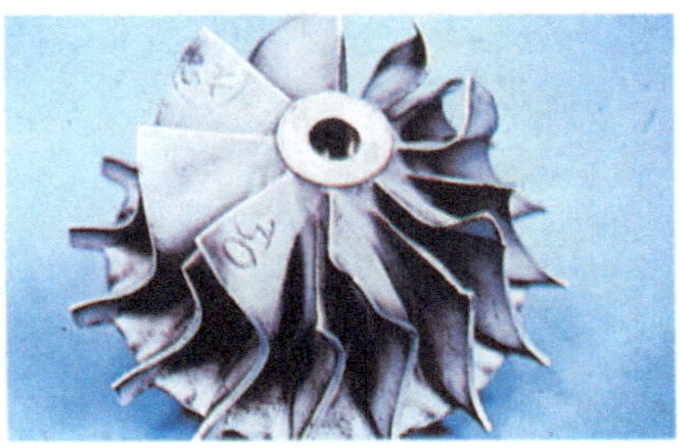
Bild 66

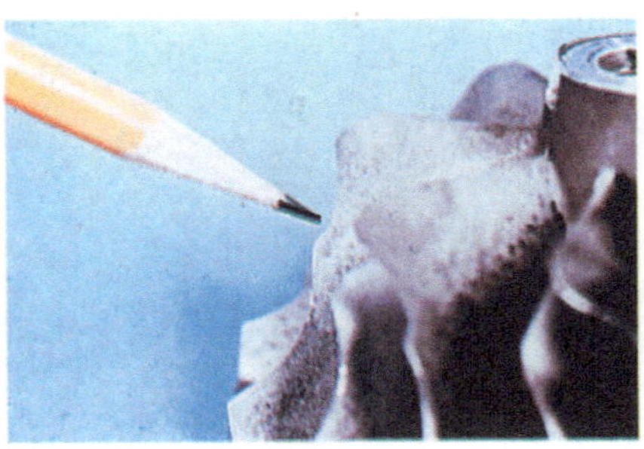
Bild 67

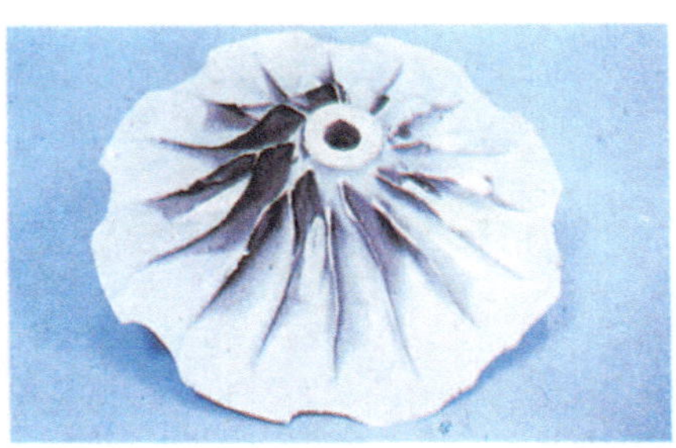
Bild 68

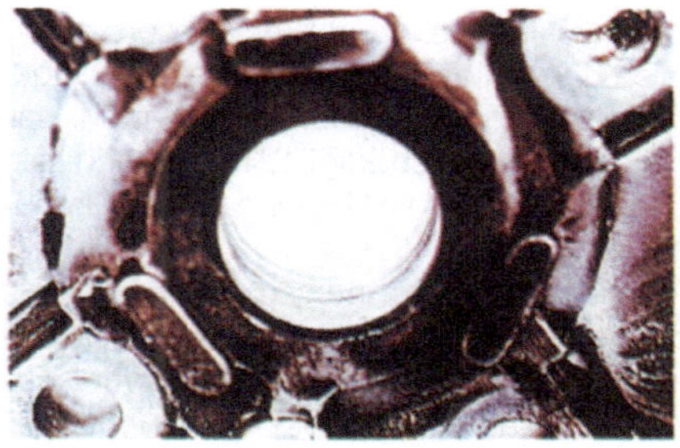
Bild 69

Bild 70

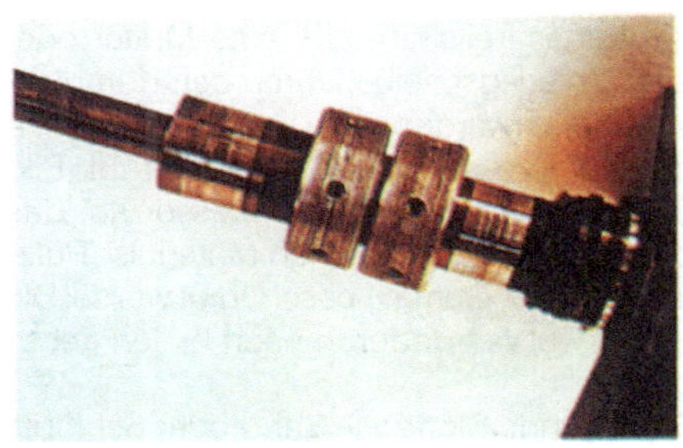
Bild 71

Bild 72

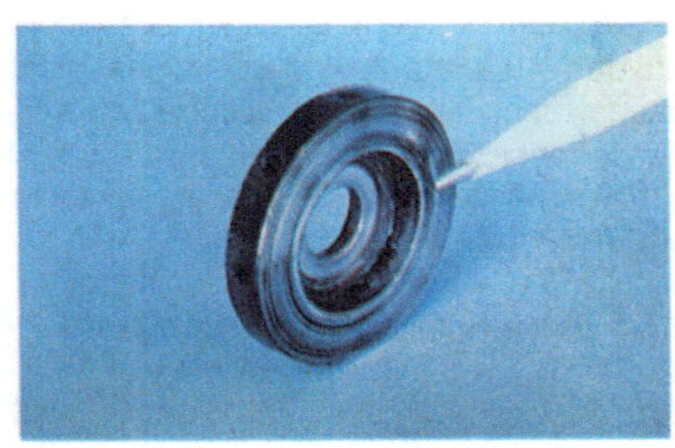
Bild 73

Arretierstifte des inneren Axiallagers deformiert. Die Lauffläche des Lagers ist eingedrückt und ausgehöhlt. An sich wird dieses Teil selten beschädigt. Tritt jedoch ein Defekt auf, so ist die Ursache totaler Ölmangel.
Aluminiumlager können schmelzen. Bild 62 zeigt die teilweise zugeschmolzenen Ölbohrungen und die infolge von Wärme und Wellenschlagen verschlissene Oberfläche.
Bronzelager verlieren beim Überhitzen ihre Zinnauflage und verfärben sich. In Bild 63 ist die Zinnschicht angeschliffen und stellenweise völlig verschwunden. Daneben zum Vergleich ein neues Lager.

2.3.2 Eindringen von Fremdkörpern

Fremdkörper verursachen schwere Schäden an den Gaseintrittskanten der Turbinenschaufeln. Beachten Sie die nahezu identische Beschädigung aller Schaufeln (Bild 64).
Schäden am Kompressorrad können in verschiedenen Formen auftreten. Gelangt ein hartes Teilchen, z. B. eine Mutter oder eine Unterlegscheibe, durch den Kompressoreintritt, werden die Gaseintrittskanten des Kompressorrads quasi abgefräßt (Bild 65). Bild 66 zeigt ein Kompressorrad, das durch Eindringen weichen Materials (Putzlappen oder Gummi) beschädigt wurde. Die Flügel wurden dadurch nach hinten gebogen.
Scheuernde Stoffe wie Sand oder Schmutz führen zu schnellem Verschleiß des Kompressorrads. Die Folgen sind Erosion und Einkerbungen an den Flügelrändern (Bild 67).
In Bild 68 ist dieser Prozeß sehr weit fortgeschritten. Er kann durch eine Leckage zwischen Luftfilter und Turbolader bedingt sein.
Bei einem derartigen Schaden sind logischerweise Welle und Räder nicht mehr ausgewuchtet und drehen instabil. Weitere Schäden lassen sich dann nicht mehr vermeiden. Bild 69 zeigt den verschlissenen Sitz der Kolbenringe.
Bild 70 zeigt, wie sehr die Lager, besonders an den Außenkanten, durch einen nicht ausgewuchteten Läufer beschädigt werden können. Bei Drehzahlen von 130000 U/min ruft schon eine kleine Unwucht enorme Kräfte hervor.

2.3.3 Verunreinigung des Schmieröls

Zur Schmierung des Turboladers wird gewöhnliches gefiltertes Motorenöl verwendet. Die Lauffläche der Welle in Bild 71 ist

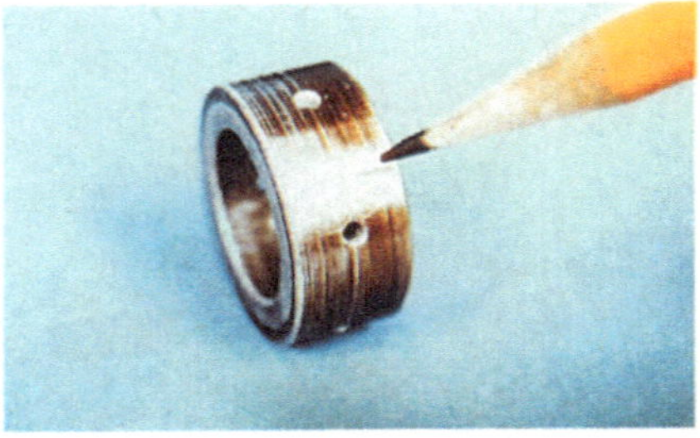

Bild 74

Bild 75

Bild 76

Bild 77

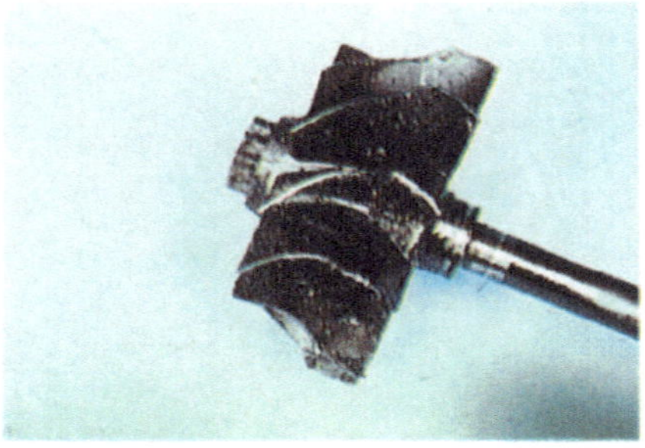

Bild 78

normalerweise spiegelglatt poliert, aber Schmutz im Öl hat hier tiefe Riefen hinterlassen.
Auch die Lauffläche des Axiallagers verschleißt durch scheuernde Verunreinigungen im Öl sehr schnell (Bild 72). Hier ist die Lauffläche an zwei oder drei Stellen vollständig weggeschliffen, und selbst die Ölkanäle wurden dadurch schon teilweise zugesetzt.
In Bild 73 sind beide Seiten des Druckrings riefig und verschlissen.
Sowohl die Innen- als auch die Außenflächen des Lagers sind riefig und abgeschliffen, von der Zinnauflage ist nichts mehr zu sehen (Bild 74).
Verdicktes Öl setzt sich auf der Innenseite des Lagergehäuses fest und blockiert die Ölabdichtung auf der Turbinenseite. Öl tritt aus (Bild 75). Durch die Hitze kann das verdickte Öl verkoken, wodurch weitere Schäden an Lagern und Abdichtungen verursacht werden. In Extremfällen baut sich zwischen Lagergehäuse und Hitzeschild eine wachsende Schicht Ölkohle an. Diese drückt das Hitzeschild dann immer stärker an die Rückseite des Turbinenrads und führt in einigen Fällen zum Wellenabriß.
Hochgradige Verunreinigungen (Bild 76) können sogar tiefe Riefen in der äußere Lagerfläche hinterlassen. Zum Vergleich ist daneben ein intaktes Lager zu sehen.
Bei Aluminiumlagern (Bild 77) kann sich der Schmutz auf der Oberfläche festsetzen und auf diese Weise schwere Schäden an den Laufflächen der Welle und des Lagergehäuses verursachen.
Ablagerungen von verbranntem Öl auf dem Turbinenrad können die Folge von defekten Ölabdichtungen im Turbolader oder von verunreinigtem Öl im Lagergehäuse oder auch einfach von Motorenöl sein, das über den Auslaß vom Motor selbst kommt. Verantwortlich dafür kann auch ein zu hoher Druck im Kurbelgehäuse, ein verstopfter Ölablauf oder ein zugesetzter Luftfilter sein (Bild 78).
Abschließend sei darauf verwiesen, daß alle hier dargestellten Beispiele für Defekte ihre Ursache in einer Mangelschmierung, Ölverunreinigung oder Beschädigung der Laufräder durch Eindringen von Fremdkörpern hatten. Ihr Ursprung liegt also durchweg außerhalb des Turboladers, sie könnten durch eine regelmäßige Motorwartung leicht vermieden werden.

3 Fragen und Aufgaben

3.1 Prinzip der Turboaufladung

1. Nennen Sie die acht Hauptbestandteile des Turboladers!
2. Kann ein Turbolader sowohl bei Zweials auch bei Viertaktmotoren eingesetzt werden?
3. Wie hoch liegen die Drehzahlen bei Turboladern für LKW-Dieselmotoren?
4. Wohin wird die Luft geführt, die durch den Kompressoreintritt in den Turbolader gelangt und dort verdichtet wird?

3.2 Fehlersuche beim Turbo-Dieselmotor

1. Welche drei Hauptursachen kommen für Defekte am Turbolader in Frage?
2. Was sind die fünf häufigsten Anzeichen für Probleme im Turbolader?
3. Der erste Schritt bei der Untersuchung von Turboladerproblemen besteht in der Geräuschkontrolle. Ein hoher Pfeifton verweist auf eine Leckage, aus der Luft austritt. Wo können sich in diesem Fall undichte Stellen befinden?
4. Worauf verweist eine verringerte Motorleistung oder schwarzer Rauch? Was sind zwei mögliche Ursachen dafür?
5. Welche weiteren Untersuchungen müssen bei verringerter Motorleistung oder schwarzem Rauch erfolgen?
6. Welche beiden Hauptursachen hat blauer Rauch?
7. Welche weiteren Untersuchungen müssen bei blauem Rauch erfolgen?
8. Welche weiteren Maßnahmen müssen zur Untersuchung des Ölverbrauchs im Motor ergriffen werden?
9. Welche Schritte müssen bei einem Turbolader mit lauten Arbeitsgeräuschen unternommen werden?
10. Erläutern Sie, weshalb ein Turbolader beschädigt werden kann, wenn der Motor bei hoher Drehzahl abgestellt wird!
11. Wie lange muß ein Motor im Stillstand laufen, damit kein Ölmangel im Turbolader auftritt?

3.3 Analyse defekter Turbolader

1. Welcher Schaden tritt bei Mangelschmierung zuerst auf?
2. Wie hoch liegt die normale Betriebstemperatur der Welle?
3. Worauf verweist eine verfärbte Welle?
4. Was verursacht eine starke Überhitzung der Lager an der Lauffläche der Welle?
5. Härtere Gegenstände wie Teilchen von Ventilen oder Kolbenringen beschädigen die Schaufeln des Turbinenrads. Welches typische Schadensbild weist das Turbinenrad dabei auf?
6. Welche Schäden zeigt das Kompressorrad, wenn weiche Teilchen eindringen?
7. Welche Schäden können am Kompressorrad verursacht werden, wenn abrasive Stoffe in den Kompressor eindringen?
8. Welcher Schaden tritt an den Lagern infolge von Ölverunreinigungen auf?
9. Welcher Schaden wird am Lagergehäuse durch verdicktes Öl verursacht?

3.4 Antworten

Prinzip der Turboaufladung

1. – Turbinenrad
   – Welle
   – Kompressorrad
   – Turbinengehäuse
   – Kompressorgehäuse
   – Lagergehäuse
   – turbinenseitige Kolbenringe
   – kompressorseitige Kolbenringe
2. Ja.
3. 130 000 U/min
4. Zum Ansaugkrümmer des Motors.

Fehlersuche beim Turboladermotor

1. – Mangelschmierung
   – Eindringen von Fremdkörpern
   – verunreinigtes Öl
2. – verringerte Motorleistung
   – schwarzer Rauch
   – blauer Rauch
   – erhöhter Ölverbrauch
   – starke Turboladergeräusche
3. Die Löcher können sich zwischen Kompressorauslaß des Turboladers und Ansaugkrümmer des Motors sowie zwischen Auspuffkrümmer des Motors und Turbolader befinden.
4. – zu geringe Luftzufuhr zum Motor
   – ein Hindernis im Ansaugsystem
   – Gaslecks in der Auspuffanlage
5. – Luftfilter auf Verschmutzung kontrollieren
   – Luftleitung vom Luftfilter zum Motor auf Verstopfung kontrollieren
   – Ansaugkrümmer auf Lecks prüfen
   – Auspuff auf Verstopfungen kontrollieren
   – Auspuffkrümmer auf Lecks prüfen
   – Turboladerwelle auf Schleifen kontrollieren
6. – Ölleckage des Turboladers oder
   – des Motors
7. – Luftfilter auf Verunreinigung kontrollieren
   – Welle auf ungehindertes Drehen prüfen
   – Druck im Kurbelgehäuse feststellen
   – Auspuffkrümmer auf Ölspuren untersuchen
8. – Luftfilter auf Verschmutzung inspizieren
   – Kompressoraustritt auf lose Klemmen prüfen
   – Druck im Kurbelgehäuse messen
   – Welle auf freie Beweglichkeit kontrollieren
   – Flügelräder auf Schleifschäden untersuchen
9. – alle Verbindungsklemmen des Turboladers prüfen
   – Welle auf ungehindertes Drehen kontrollieren
   – Flügelräder auf Schäden untersuchen
10. Durch die Mangelschmierung können dann die Lager beschädigt werden.
11. 30 Sekunden.

Analyse defekter Turbolader

1. Lagerschaden
2. 60 °C bis 90 °C
3. Schmiermittelmangel, infolge dessen die Welle heißläuft
4. Wärmeübertragung durch Metall
5. Jede Schaufel weist das gleiche Schadensbild auf.
6. Die Flügel werden nach hinten gebogen.
7. Alle Flügel werden gleichmäßig abgeschliffen.
8. Die Lager weisen Riefen auf.
9. Verdicktes Öl kann die Öldichtungen blockieren und nach dem Verkoken die Lager beschädigen.

4 Turbolader in Personenkraftwagen

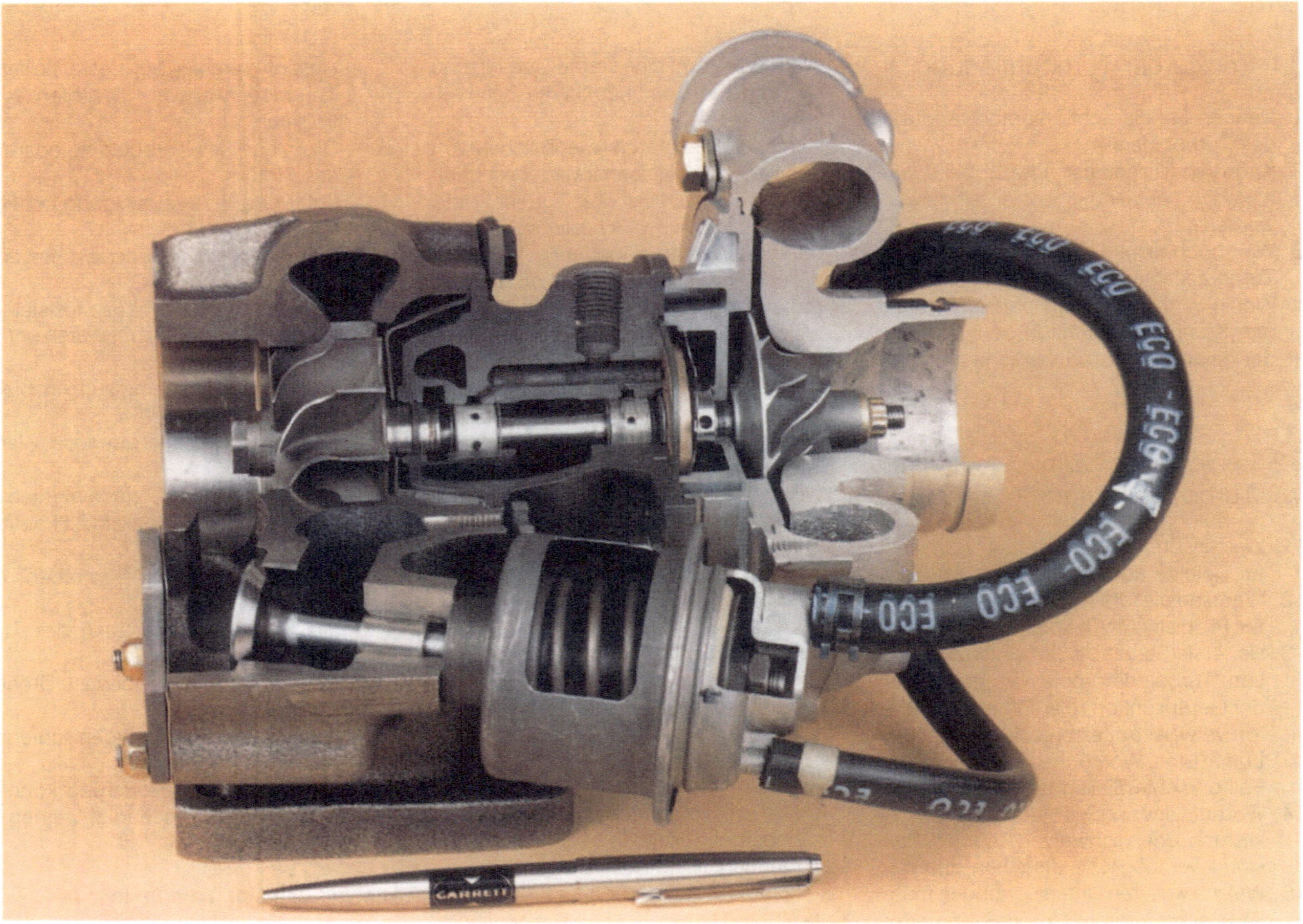

Bild 79: Garrett-Turbo für Pkw-Diesel

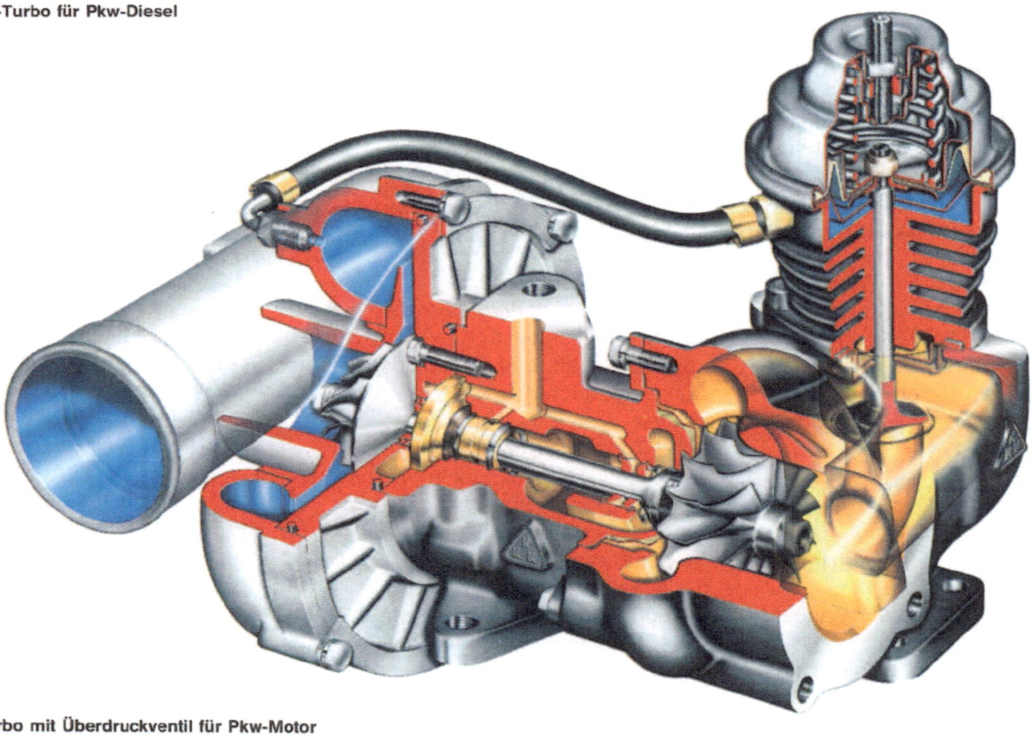

Bild 80: KKK-Turbo mit Überdruckventil für Pkw-Motor

4.1 Turbolader für Dieselmotoren in Personenkraftwagen

4.1.1 Prinzip der Ladedruckregelung

Die Leistung des Dieselmotors ist begrenzt, weil die Drehzahl aufgrund des relativ langsamen Verbrennungsvorgangs höchstens etwa 5000 U/min betragen kann. Steigern läßt sich die Leistung nur durch einen größeren Hubraum oder durch einen höheren mittleren Arbeitsdruck.

Bei Personenkraftwagen werden entsprechend Gewicht und Größe möglichst kleine Motoren eingesetzt, d. h. der Motor muß mit hohen Drehzahlen arbeiten, um die verlangte Leistung erbringen zu können.

Der Pkw-Dieselmotor arbeitet somit über einen breiten Drehzahlbereich. Durch das Leistungsgleichgewicht zwischen Turbine und Kompressor wird mit einem ungeregelten Turbolader ein Ladedruck produziert, der proportional zur Abgasenergie steigt. Erhöht man die Motorleistung, zum Beispiel beim Gasgeben, steigt die Energie in den Abgasen und somit auch der Ladedruck. In Personenkraftwagen wird schon bei niedrigen Drehzahlen ein hoher Ladedruck verlangt. Bei höheren Motordrehzahlen würde eine derartige Konstruktion aber einen unzulässig hohen Ladedruck liefern. Um in diesen Fällen Schäden am Motor zu vermeiden, muß der Ladedruck begrenzt werden.

Das Prinzip des klassischen Ladedruckreglers ist im Bild 81 dargestellt. Der Druck im Kompressor wird über eine Leitung auf eine Membran geführt, unter der eine Spiralfeder vorgespannt ist. Sobald diese Vorspannung überwunden ist, öffnet sich ein Bypass-Ventil (Überdruckventil) in den Abgaskanal. Dadurch entweicht ein Teil der Abgase direkt zum Auspuff, ohne die Turbine zu passieren. Die Einstellung wird so gewählt, daß der Ladedruck nie einen Wert überschreitet, der den Motor gefährden könnte.

Bei Turboladern für Diesel-Personenkraftwagen wird das Überdruckventil bislang fast immer in das Turbinengehäuse integriert. Sein Aufbau ist raum- und kostensparend und seine Arbeitsweise zudem sehr präzise.

Im Bild 83 ist eine Schnittzeichnung des Überdruckventils von Garrett zu sehen. Dieses Überdruck-Tellerventil ist in der Regel im Turbinengehäuse des T3-Dieselturboladers eingebaut.

Das Oberteil des Ventilschafts ist hohl.

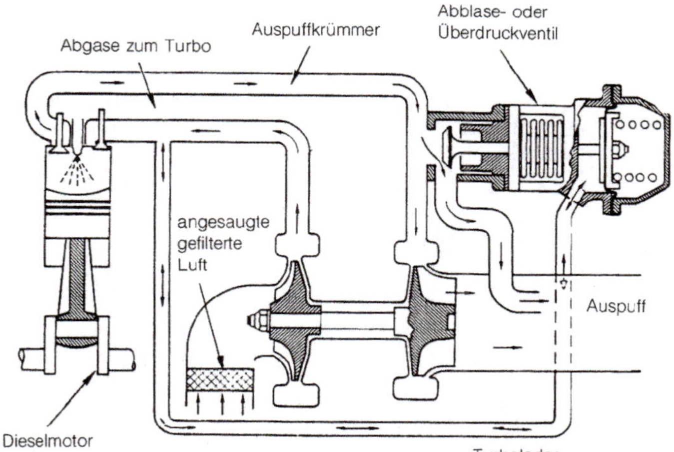

Bild 81: Schema des Garrett-Turbos mit Überdruckventil

Bild 82

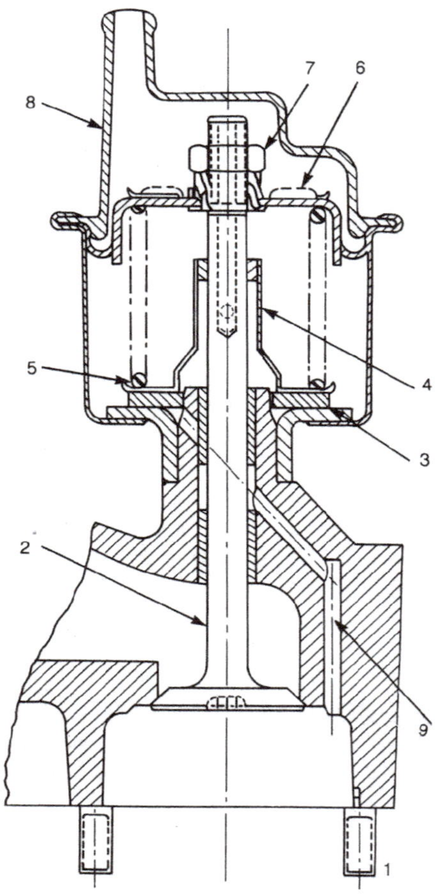

Bild 83

1. Turbinengehäuse
2. Ventilschaft
3. Dichtung
4. Federführung
5. Spiralfeder
6. Membran
7. Sicherungsmutter
8. Deckel mit Druckleitungsanschluß
9. Entlüftungskanal

Dieser Hohlraum endet etwa auf halber Schafthöhe und ist mit einer Öffnung durch die Schaftwand versehen.

Normalerweise ist der Druck im Kompressor und damit auch oberhalb der Membran größer als in der Turbine. Dadurch strömt die relativ kältere Luft vom Kompressor über den hohlen Ventilschaft zu dem Raum, in dem das Ventil im Turbinengehäuse sitzt, und von dort aus über den Entlüftungskanal zum Turbinengehäuse. So werden Ventil und Lagerbuchsen gekühlt und saubergehalten, was zur Funktionssicherheit des Bypass-Ventils beiträgt.

Der Deckel des Membrangehäuses ist auf das Federgehäuse aufgefalzt, so daß nach der Herstellung praktisch keine Möglichkeit mehr für eine Ladedruckanpassung besteht. Funktioniert diese Art von Überdruckventil nicht mehr ordnungsgemäß, so muß das gesamte Turbinengehäuse mit Überdruckventil ausgetauscht werden.

Bild 84 zeigt ein Schnittmodell sowie die schematische Darstellung eines Überdruckventils von KKK vergleichbarer Art.

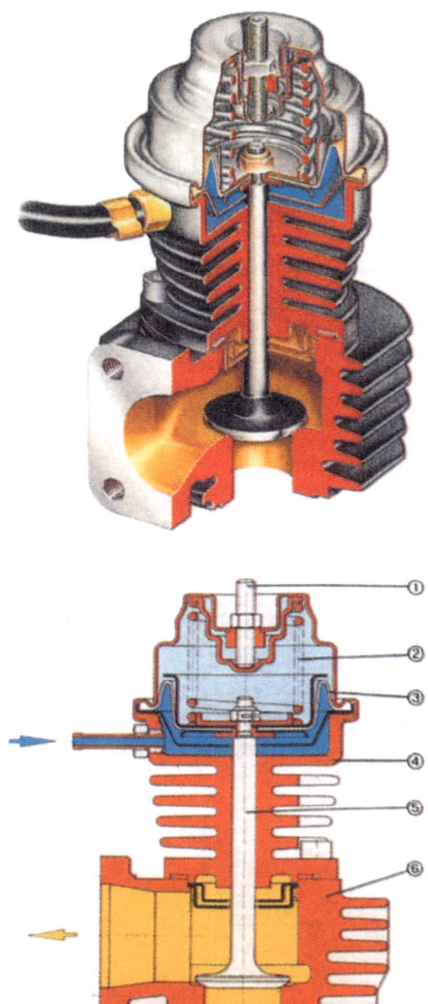

Bild 84

1. Einstellschraube für Druck
2. Spiralfeder
3. Membran
4. Kühlkörper
5. Ventilspindel

Farbkennzeichnung:

- hellblau: Luftdruck
- dunkelblau: Turbodruck
- gelb: Abgase

Dieses Ventil kann sowohl getrennt vom Turbinengehäuse im Abgaskanal angebracht oder in das Turbinengehäuse selbst integriert werden. Um die Wärmeleitung weitgehend zu vermeiden, sind in diesem Aufbau eine ganze Reihe von Wärmebarrieren vorgesehen und Kühlrippen angebracht, welche die Wärme aufnehmen und an die Außenluft abgeben können.

An neueren Turboladeranwendungen im Diesel-PKW-Bereich hat die Firma Garrett bei den modernen kleineren Baureihen, wie T25 und T02, die Technik aus dem Benzin-Turboladerbereich übernommen (Bild 82, ein T03B Turbolader). Im Prinzip gleichen sich diese und die zuvor beschriebene Art der Ladedruckregelung. Der Unterschied liegt hier darin, daß der Regelkörper mit der Membran auf die Verdichterseite des Turboladers verlegt wurde. Dieser Bereich ist thermisch weniger belastet und im Service sowie bei Reparaturen einfacher zu handhaben. Über eine Regelstange, genannt Rodend, ist der Ladedruck zu regulieren.

Natürlich ist eine Ladedruckregelung auch durch Abblasen der verdichteten Frischluft auf der Kompressorseite möglich. Eine Technik, die bei einigen Bautypen von KKK angewendet wird. Wenn ein bestimmter Ladedruck erreicht ist, öffnet sich ein federvorgespanntes Ventil. Über dieses Ventil kann ein Teil der verdichteten Luft nach außen entweichen oder wird vor dem Turbolader wieder in das Ansaugsystem zurückgeführt. Diese Version weist jedoch einige Nachteile auf. Zunächst steckt bereits in der abgeblasenen Luft eine gewisse Energie, die vom Turbolader geliefert wurde. Durch einfaches Abblasen ginge also ein Teil der thermodynamischen Vorteile des Turboladers verloren. Der größte Nachteil ist jedoch, daß bei ausschließlicher Ladedruckregelung durch kompressorseitiges Abblasen die Turbine so groß sein muß, daß alle Abgase jederzeit bewältigt werden können.

Damit wäre eine sehr große Verzögerung in der Reaktion auf das Gaspedal verbunden, weil der Turbolader erst sehr spät „auf Touren kommt".

In der Praxis wird das kompressorseitige Abblasen daher auch nur als zusätzliche Sicherung in Kombination mit der Regelung durch ein Überdruckventil angewendet.

4.1.2 Verschiedene Lagergehäuse

Wegen der immer kleineren Turbinen und Kompressoren werden auch die Gesamt-

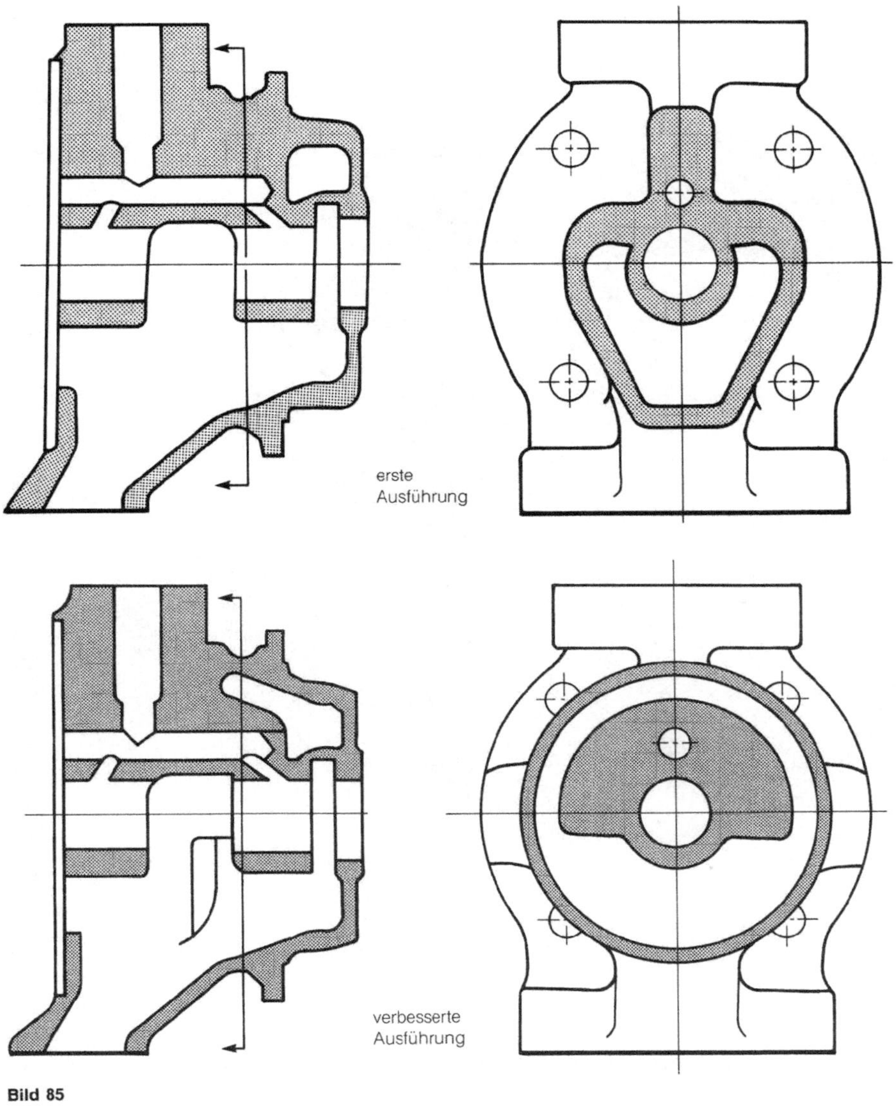

Bild 85

abmessungen des Turboladers immer kleiner, wodurch die heiße Turbine auch immer enger an den Kompressor gerückt ist.
Die Wärmeleitung von der Turbine über die Welle, das Lagergehäuse, bis hin zum Kompressor wirkt sich ungünstig auf die Funktion und die Lebensdauer der Lager aus (siehe Bild 85) und ist außerdem nachteilig für den Gesamtwirkungsgrad des Turboladers, denn die verdichtete Luft muß möglichst kalt bleiben, da kalte Luft mehr Sauerstoff enthält als warme.
In der Entwicklung des Turboladers für Diesel-Pkw wurden daher neue Möglichkeiten gesucht, den Wärmeübergang zu erschweren. Man brachte im Lagergehäuse zusätzliche Wärmebarrieren an und vergrößerte auch das Ölvolumen des Lagergehäuses, um mehr Wärme abzuführen.
So produziert Garrett seit 1982 ein speziell für Pkw entwickeltes geripptes, d. h. mit Kühlrippen versehenes Lagergehäuse, das serienmäßig bei allen T3-Turboladern eingesetzt wird. Durch die Gestaltung des Lagergehäuses können niedrigere Temperaturen an den Innenflächen erzielt werden, um so vor allem die Spitzentemperaturen am turbinenseitigen Radiallager zu senken. Das wird erreicht durch:

a) Vergrößern des Luftzwischenraums um den Sitz des Radiallagers auf der Turbinenseite. Dadurch wird die Ölzirkulation

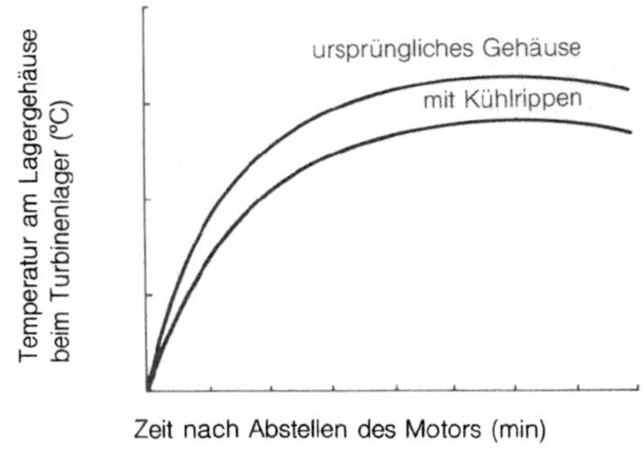

Bild 87

und damit die Wärmeableitung an dieser Stelle entscheidend verbessert.
b) Erweiterung der Gehäusequerschnitte, um durch eine größere Oberfläche die Wärmeabsorption zu erleichtern.
c) Anbringen von äußeren Kühlrippen, um so die Wärmeabfuhr vom Sitz des turbinenseitigen Radiallagers zu erhöhen.

Einzelheiten dieses Aufbaus sind Bild 85 und 86 zu entnehmen.

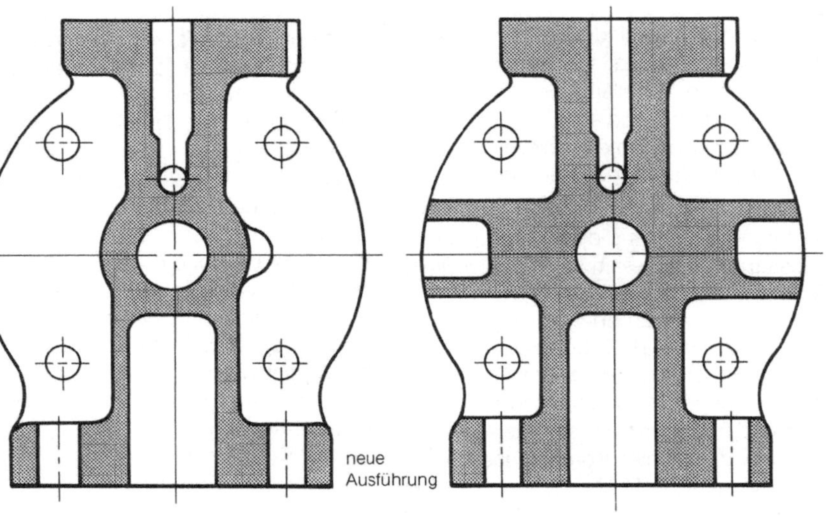

Bild 86

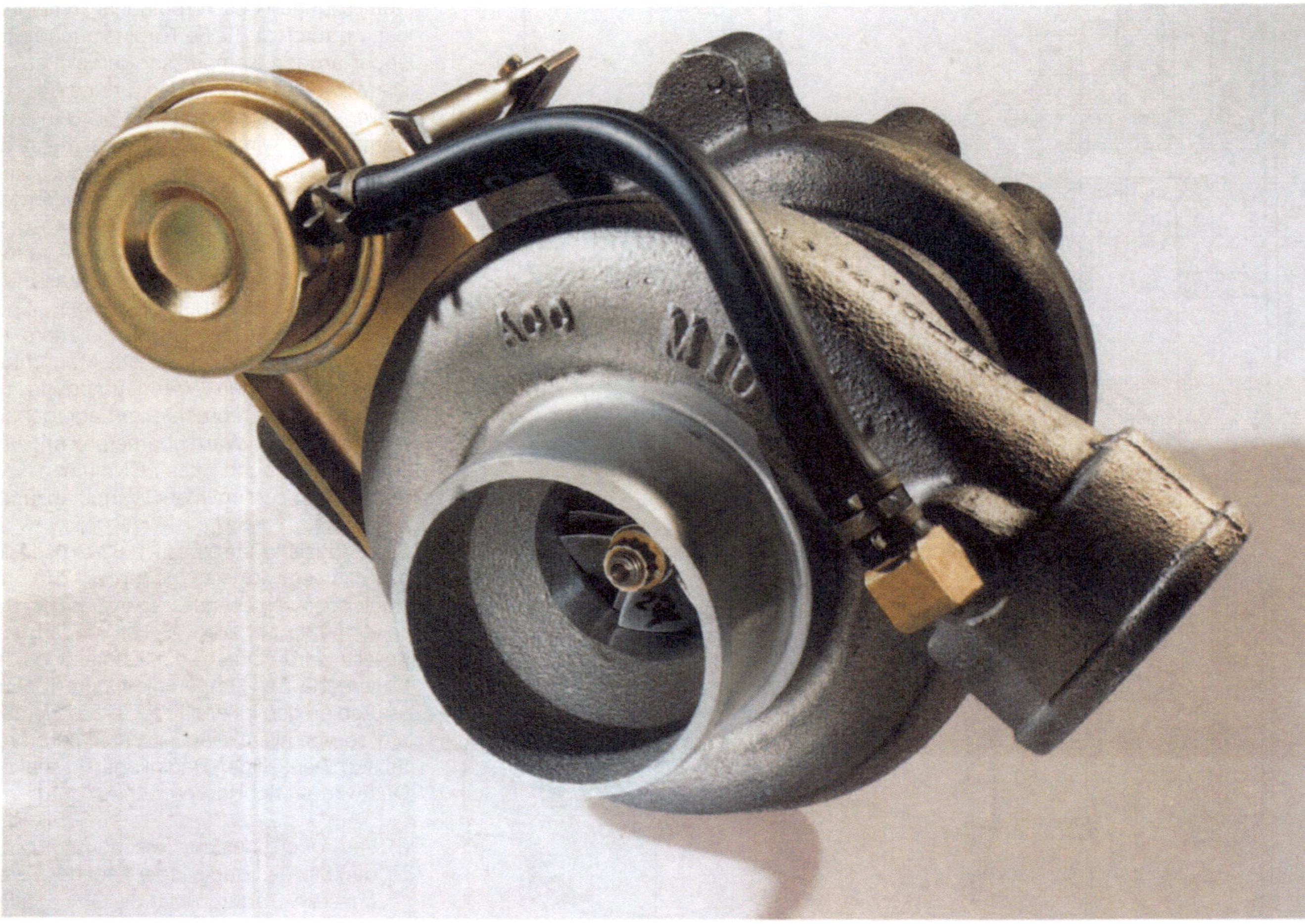

Bild 88: Garrett-Turbo für Ottomotoren

Ergebnisse: In Bild 87 wird der Temperaturverlauf am Radiallager der Turbine dargestellt. Das Temperaturmaximum tritt einige Minuten nach Abstellen des Motors auf. Das Gesamttemperaturniveau kann durch Kühlrippen am Lagergehäuse gesenkt werden.

4.2 Turbolader für Benzinmotoren in Personenkraftwagen

Prinzip und Funktionsweise der Turbolader für Benzin- und Dieselmotoren sind gleich. Daher ist das folgende Kapitel nur eine Ergänzung dessen, was bereits für Turbolader in dieselgetriebenen Nutzfahrzeugen und Personenkraftwagen erläutert wurde.
Bei der Verwendung eines Turboladers an Ottomotoren müssen jedoch einige sehr spezifische Forderungen, z. b. im Hinblick auf die wesentlich höheren Abgastemperaturen, an den Turbolader gestellt werden:

4.2.1 Kohleschleifringdichtung auf der Kompressorseite

Ölleckagen auf der Kompressorseite des Turboladers zu verhindern, ist bei Ottomotoren mitunter noch schwieriger als bei Dieselmotoren. Vor allem wenn die Drosselklappe vor dem Turbolader angebracht ist, entsteht ein hoher Unterdruck im Kompressor, sobald Gas zurückgenommen wird.

Dadurch wird Öl aus dem Lagergehäuse angesaugt. Aus diesem Grund entwickelte Garrett eine Dichtung in Form eines Kohlerings, genannt Carbon-Seal, die in vielen T02-, T25- und T03-Turbolader für Personenkraftwagen eingesetzt wird. Der Kohlering wird gegen die Kompressorrückwand gedrückt und somit ein schleifender, weitestgehend öldichter Kontakt geschaffen. Natürlich geht dadurch auch ein Teil der mechanischen Energie des Turboladers verloren. Diese Kohleschleifringdichtung wird daher nur dort eingesetzt, wo sie wirklich erforderlich ist.
Eine solche kompressorseitige Kohleschleifringdichtung ist unerläßlich, wenn Kraftstoff mit Luft vor Kompressoreintritt gemischt wird. In diesem Fall muß die Dichtung verhindern, daß Kraftstoff-Luftgemisch durch den Druck im Kompressor über das Lagergehäuse in das Kurbelgehäuse strömt, was zu gefährlichen explosiven Zuständen oder Motorschäden führen könnte.
Wo diese besondere Art der Abdichtung nicht erforderlich ist, wird die gleiche dynamische Öldichtung wie auf der Kompressorseite der Dieselturbolader verwendet.
Im Vergleich zum Dieselmotor liegen die Abgastemperaturen des Benzinmotors wesentlich höher.

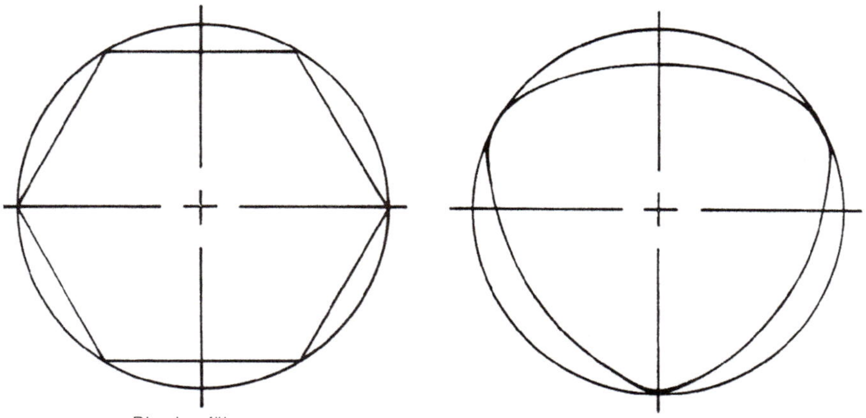

Bild 89

4.2.2 Hochwertige Materialien auf der Turbinenseite

Sowohl Turbinengehäuse als auch Turbinenrad bestehen aus einer hochwertigen hitzebeständigen Eisen-Nickel-Legierung, um den wesentlich höheren Anforderungen gegenüber dem Dieselmotor gerecht zu werden.
Bestimmte Arten von Turbinenrädern in Turboladern für Benzinmotoren gleichen in ihrer äußeren Form und Ausführung denen in Turboladern kleiner Dieselmotoren. Sie unterscheiden sich nur durch die Metallegierung. Um Verwechslungen zu vermeiden, hat Garrett sie auch äußerlich gekennzeichnet: die Nabenform des Turbinenrads ist anders (Bild 88 und 89).

Die Entwicklung schreitet aber auch hier fort. So wird bereits heute ein Turbolader für Nissan Skyline bei Garrett in Serie produziert, bei dem das Turbinenrad aus Keramik gefertigt wird.

4.2.3 Modifizierte Ladedruckregelung

Auch bei der Gestaltung des Überdruckventils mußten die höheren Temperaturen in der Turbine berücksichtigt werden.

Wird die Betätigung des Überdruckventils direkt auf dem Turbinengehäuse angebracht, ist der Wärmeübergang über das Ventil zur Membran des Betätigungselements so groß, daß die Membran beschädigt wird. Zur Abhilfe gibt es zwei Lösungen. Erstens kann man das Überdruckventil extern in größerer Entfernung von der Turbine anbringen (Bild 90). Von KKK wird diese Lösung noch immer bevorzugt, weil mit ihr die genaueste Regelung erreicht wird. Sie ist aber auch die kostspieligste und nur für Personenkraftwagen der höheren Preisklassen vertretbar. Die zweite Möglichkeit besteht darin, das Überdruckventil völlig neu zu gestalten. Das einfache Tellerventil wird durch eine Klappe im Auslaß ersetzt,

Bild 90: KKK-Turbo an einem Ottomotor

die über ein Gestänge von dem am Kompressorgehäuse befestigten Betätigungselement gesteuert wird. Das Gestänge besteht aus verschiedenen Einzelteilen und hemmt den Wärmeübergang zur Membran, so daß die Gefahr einer Membranbeschädigung praktisch ausgeschlossen ist. Nachteilig wirkt sich auf das Gestänge aus, daß ein insgesamt größeres Spiel entsteht. Bei der Einstellung muß dies berücksichtigt werden, um die Funktionssicherheit zu gewährleisten. In der Praxis entscheidet man sich, wie schon in Kapitel 4.1.1 erwähnt, zunehmend für diese Lösung, weil sie leichter und kompakter und schließlich auch billiger ist (Bild 91).

Bild 91

4.2.4 Modifizierte Lagergehäuse

Am Lagergehäuse wurde eine ganze Reihe von Änderungen vorgenommen. Zunächst wurde der Raum für das Öl im Gehäuse vergrößert, und möglichst viele Wärmebarrieren zwischen Turbinen- und Kompressorseite eingebaut.

Der nächste Entwicklungsschritt bestand darin, auf der Innenseite des Lagergehäuses noch mehr Metall abzuarbeiten und gleichzeitig an der Außenseite Kühlrippen anzubringen, um die Wärmeleitung nach außen zu verbessern.

Aber noch immer bestand die Gefahr, daß die Wärmeübertragung von der Turbine ins Lagergehäuse zu stark war, vor allem nach schneller Fahrt, da durch den Wegfall der Ölzirkulation nach Abstellen des Motors keine Wärme mehr abgeführt wird. Das im Lagergehäuse verbleibende restliche Öl verkokt, und damit werden die Lager beschädigt. Um dies einigermaßen zu verhindern, wurden Lagergehäuse entwickelt, die neben der üblichen Ölkühlung zusätzlich durch Wasser gekühlt werden.

Das Lagergehäuse des Turboladers ist an den normalen Kühlkreislauf des Motors angeschlossen. Weil der Kühlkreislauf geschlossen ist, bleibt das Lagergehäuse mit Kühlmittel auch dann gefüllt, wenn der Motor abgestellt wird. Zur Verbesserung läßt sich auf einfache Weise eine kleine elektrische Wasserpumpe anbringen, mit der die Zirkulation noch einige Zeit nach Abschalten des Motors aufrecht erhalten wird.

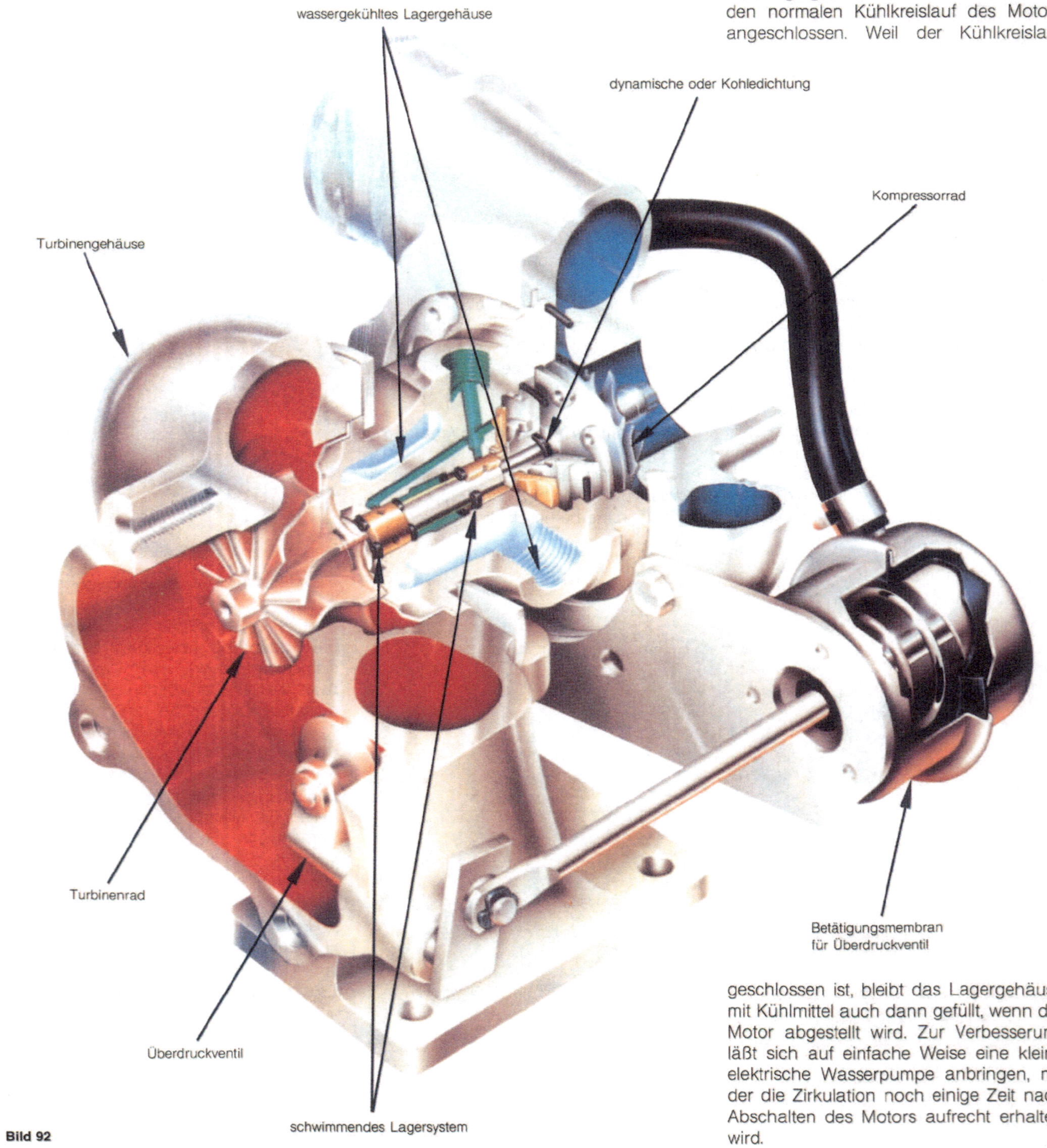

Bild 92

5 Zukünftige Entwicklungen

5.1 Immer kleinere Turbolader

Zu Verbesserung der eher trägen Reaktion des Turboladers auf Veränderung der Gaspedalstellung, d. h. beim plötzlichen Beschleunigen, streben die Turboladerhersteller nach immer kleineren Turbinenrädern, um die Massenträgheit herabzusetzen.
Gleichfalls wünschen die Motorhersteller kleinere Turbinen, um so immer kleinere Motoren aufladen zu können.
Bei KKK läßt sich die Entwicklung der Turbolader-Reihen vom K-24 zum K-14, K-13 und K-12 und jetzt sogar bis zum K-04 und K-03 verfolgen.
Das Modell K-14, schon seit 1984 in Massen produziert (und u. a. im VW Golf, Passat und Transporter eingesetzt), stellt schon einen großen Fortschritt im Vergleich zum K-24 dar.
Ein K-24-Turbolader wiegt 8,1 kg und hat einen Läuferdurchmesser von 60 mm, wogegen der K-14 nur noch 4,9 kg wiegt und einen Läuferdurchmesser von 50 mm hat. Das Läufergewicht beim K-24 beträgt 0,298 kg, während der Läufer des K-14 0,191 kg hat. Allein dadurch wird die Massenträgheit um 40 % herabgesetzt und die Turboladerreaktionszeit um Sekunden vermindert.
Auch bei Garrett blieb die Entwicklung nicht stehen: vom T03 zum T02 und T25, und vor kurzem wurde der T15 angekündigt. Dieser wiegt nur 3,3 kg und hat einen Läuferdurchmesser von 43 mm.
Der Turbolader wird auch immer mehr als Einheit mit dem Ladeluftkühler betrachtet, und so ist es nicht nur die träge Reaktion des Turboladers, die den Anstoß zu immer kleineren Turboladern gibt. Der Platz, der für den Motor und somit für alle Anbauteile und Nebenaggregate zur Verfügung steht, setzt hier ständig neue Grenzen. Die Motorindustrie strebt nach immer kleineren, niedrigeren und kürzeren Motorräumen, um bessere aerodynamische Formen zu erreichen. Auch für den Komfort der Passagiere muß durch Zusatzaggregate wie Klimaanlagen immer mehr getan werden. Zusätzlichen Platz im Motorraum beanspruchen außerdem durch Umweltschutzmaßnahmen bedingte Katalysatoren und Rußfilter.

5.2 Keramische Werkstoffe

Zur immer besseren Ausnutzung der Wärmeenergie im Brennstoff werden neue warmfestere Werkstoffe im Motorenbau eingesetzt, so daß weniger Energie über das Motorkühlsystem verlorengeht, was oft

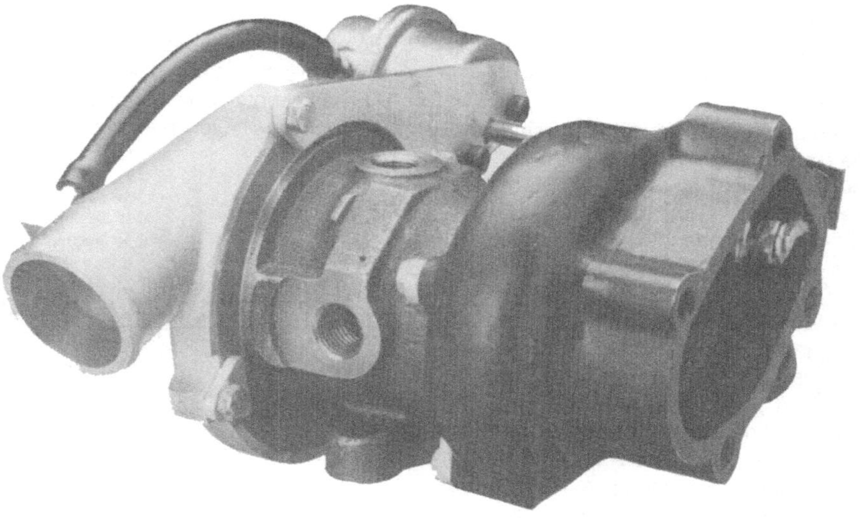

Bild 93: Garrett-Turbo vom Typ T15 mit Läufer, Überdruckventil und wassergekühltem Lagergehäuse mit extrem kleinen Abmessungen

Bild 94: Keramikläufer (Photo: TENMAT Ltd.)

höhere Abgastemperaturen bedeutet. Bei der Entwicklung neuer Motoren rechnet man schon mit Abgastemperaturen bis etwa 1250 °C.
Auch der Turbolader, der über seine Turbine einen Teil der Wärmeenergie im Abgas nutzt, muß in Zukunft gegen die höheren Temperaturen beständig sein.
Als vielversprechende Lösung bieten sich hier keramische Teile in der Turbine an.

Die Vorteile eines Turbinenrads aus Keramik sind:

- Es ist gegen hohe Temperaturen (über 1200 °C) beständig.
- Es hat eine geringere Eigenmasse (lediglich 10 % der Masse eines Metalläufers) und damit eine geringere Trägheit: Das Rad kommt problemlos doppelt so schnell auf Touren (die Turbolader-Verzögerung wird wesentlich verringert).
  Turbinengehäuse, welche bislang zum Schutz vor austretenden Stücken des Turbinenrads bei Wellenabrissen sehr dickwandig ausgelegt wurden, können nun dünner und somit leichter ausgeführt werden. Keramische Bauteile werden bei Auftreffen auf selbst dünnwandige Turbinengehäuse in Kleinstbestandteile zerbrechen und somit abgefangen. Hierdurch wird eine enorme Gewicht- und damit auch Kostenreduzierung möglich.
- Bei hohen Temperaturen dehnt sich ein keramisches Turbinenrad im Vergleich zu Metallrädern weniger aus und wird nicht so stark verformt. Bei 900 °C beträgt der Ausdehnungskoeffizient nur 20 % des Koeffizienten von Metall. Damit kann das Spiel zwischen Turbinenrad und Turbinengehäusewand stark reduziert werden, wodurch der Wirkungsgrad der Turbine wegen der geringen Randverluste deutlich ansteigt.

Die Schwierigkeiten in der Entwicklung keramischer Laufräder liegen vor allem in der Sprödigkeit des Materials, der Empfindlichkeit gegen auftreffende mikroskopisch kleine Teilchen und der Qualitätskontrolle im Fertigungsprozeß. Gegenwärtig laufen intensive Experimente mit unterschiedlichen Ausführungen von Metallwellen mit keramischen Turbinenrädern (Bild 95). Wie bereits erwähnt, sind solche Läuferwellen zwar bereits in der Serienproduktion, geben aber für die

Bild 95

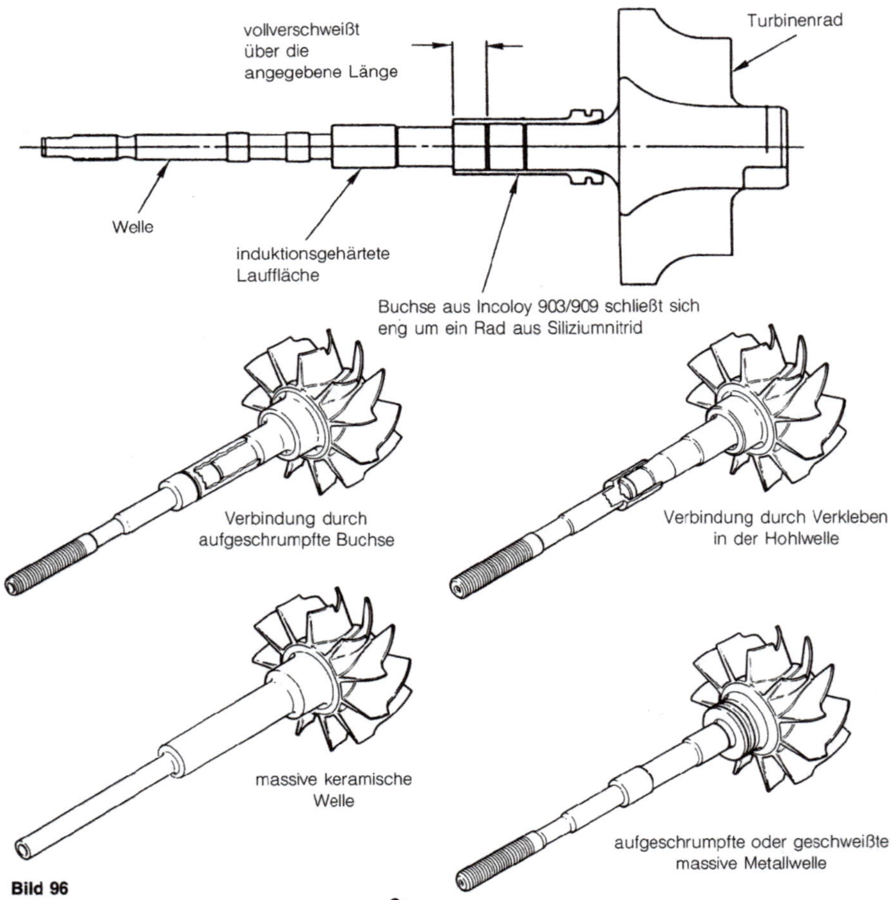

Bild 96

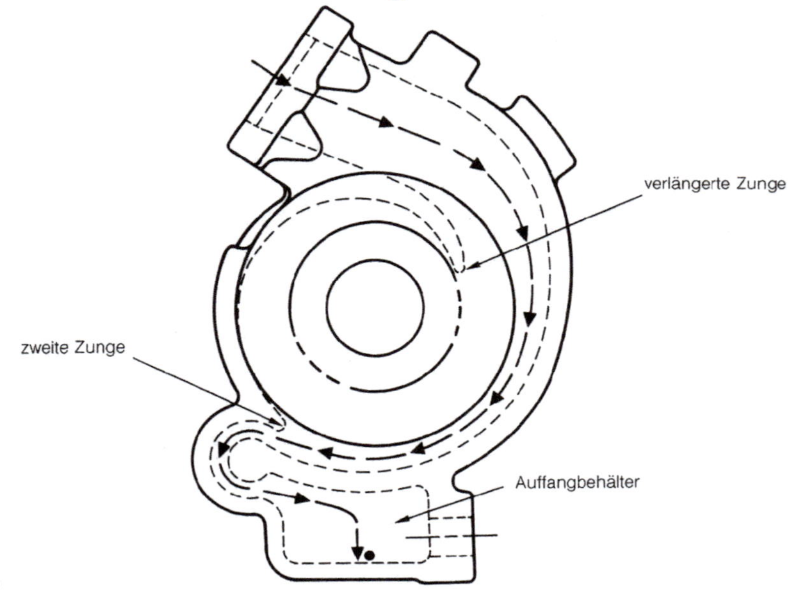

Bild 97

dauerhafte Verbindung zwischen den beiden Materialien große Probleme auf. Sie setzt die Grenze der Hitzebeständigkeit leider wieder auf ca. 975 °C herab. Man erwägt deshalb auch Welle-Rad-Konstruktionen, die nur aus Keramik bestehen (Bild 96).
Neben der Untersuchung keramischer Turbinenräder bestehen auch Überlegungen, Turbinengehäuse mit einer Keramikschicht zu versehen.
Gegen die Partikelemission mit den Abgasen wurde von Garrett ein Turbinengehäuse mit einem Abscheider und einer Auffangkammer für solche Teilchen entworfen (Bild 97).

5.3 Variable Geometrie

Veränderbare Strömungsquerschnitte im Turbinengehäuse zu schaffen, wäre ein Idealzustand, der schon 1958 von Chrysler bei Gasturbinen in Personenkraftwagen angestrebt wurde.
Attraktiv ist die veränderbare d. h. variable Geometrie der Turbine vor allem deshalb, weil die Turbolader-Verzögerung auf ein Mindestmaß verringert werden kann und die Turbine bei höheren Drehzahlen oder Vollast dennoch optimal arbeitet. Ein Überdruck- oder Abblaseventil ist dadurch fast überflüssig und stellt meist nur noch einen Sicherheitsfaktor bei einem möglichen Defekt der Regelelemente in der Turbine dar.
Nach und nach wurden von fast jedem Turboladerhersteller eines oder mehrere Systeme entwickelt, deren Geometrie veränderbar ist.
Von Garrett wird der T25-VNT (Variable Nozzle Turbine = Turbine mit verstellbaren Leitschaufeln) mit einem Mittelring und verstellbaren Schaufeln produziert, der den Abgasstrom sowohl bei niedrigen als auch bei hohen Motordrehzahlen regelt. Andererseits kommt Garrett mit dem T25-VAT (Variable Area Turbine = Turbine mit veränderbarem Querschnitt) auf den Markt. Diese besitzt eine einzige bewegliche „Zunge" im Turbinengehäuse, die den Abgasstrom bei geringeren Motordrehzahlen beschleunigt. Bei höheren Drehzahlen öffnet die Zunge den Durchlaß vollständig, so daß die maximale Kapazität der Turbine ausgenutzt werden kann.
Beide Systeme werden über eine Regeldose angesteuert, deren Funktion und Arbeitsweise mit der Laderdruckregeldose der Benzin-Turbolader identisch ist. Oft wir nur eine Regeldose zur kombinierten Steuerung beider Funktionen verwendet.
Bei KKK glaubt man, eine besonders kostengünstige und zuverlässige Lösung für die veränderbare Düsengeometrie gefunden zu haben. Dabei werden die Schaufeln nicht mit einem komplizierten Gestänge von außen betätigt, sondern bewegen sich freischwingend auf eigenen Achsen, so daß sich der Einströmungswinkel automatisch ergibt. Die Öffnung wird durch eine Art Schrittschaltung auf einem Stellring begrenzt. Die Position des Stellrings wird in Abhängigkeit von der Stellung des Gaspedals festgelegt.

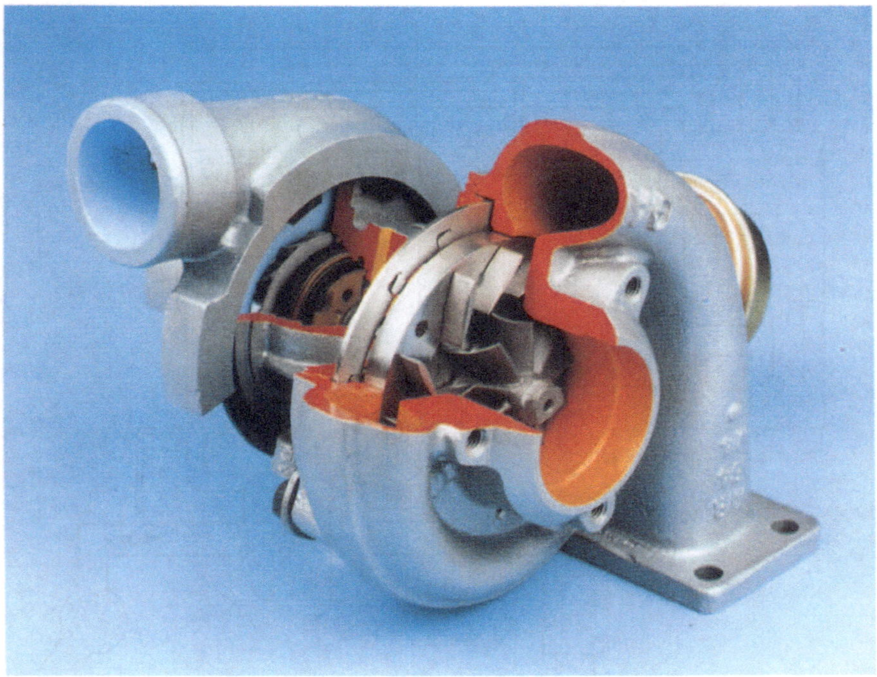

Bild 98: Garrett-Turbo mit veränderlichem Düsenring

5.4 Elektronik und Turbolader

Die Entwicklung zuverlässiger Überdruckventile hat viel dazu beigetragen, daß Turbolader auch an kleinen Motoren verwendet werden können.
Im Bild 99 ist nochmals das Prinzip der klassischen Ladedruckregelung dargestellt. Der Ladedruck wird zu einer Membran geleitet, die durch eine Spiralfeder vorgespannt ist. Sobald die Vorspannung überwunden wird, öffnet sich ein Bypass-Ventil im Abgaskanal. Die Einstellung dieses Überdruckventils wird so gewählt, daß der Ladedruck nie den Wert überschreitet, bei dem Gefahren für den Motor entstehen können.
Dieser mechanischen Regelung fehlt aber die notwendige Flexibilität, um unter allen Bedingungen die verfügbare Energie der Abgase vollständig nutzen zu können.
Um den wachsenden Anforderungen zu entsprechen, die heutzutage an die Motortechnik im Hinblick auf Kraftstoffverbrauch, Sauberkeit der Abgase und Geräuschpegel gestellt werden, muß an das gesamte „Motor-Management" kritischer herangegangen werden. Vor diesem Hintergrund hat die Elektronik ihren Einzug in den Motor gehalten, unter anderem auch in den Turbolader. Dieser wird von einem Mikroprozessor in zwei Phasen gesteuert.
In der ersten Phase wird der Motorzustand anhand verschiedener Parameter wie Temperatur des Kühlmittels, des Öls, der Ansaugluft und der Abgase analysiert. Auch die Motordrehzahl, die Stellung des Gaspedals und andere Parameter werden gemessen und dem Prozessor zugeführt. Anhand dieser Daten berechnet der Mikroprozessor in dieser Phase den günstigsten Ladedruck für den Motor unter den jeweiligen Bedingungen.
Dieser ideale Ladedruck wird an die zweite Stufe der Mikroprozessor-Steuerung weitergegeben, die den Druck im Ansaugsystem regelt. Bei der Berechnung dieses Werts werden auch kritische Betriebszustände des Motors, insbesondere das Klopfen,

berücksichtigt. Über akustische Sensoren werden schon die geringsten Selbstzündungen registriert. Unverzüglich wird dann der Ladedruck zurückgenommen. Dies wird solange wiederholt, bis kein Klopfen mehr wahrgenommen wird. Nachdem der Motor nicht mehr klopft, wird der Ladedruck nach kurzer Zeit wieder auf den alten Wert gesteigert. Tritt erneut Motorklopfen auf, zum Beispiel weil der Kraftstoff eine schlechte Qualität hat, paßt der Rechner den idealen Ladedruck diesen Bedingungen an.

Natürlich lassen sich über diesen Prozessor noch andere intelligente Aufgaben erledigen. In der Praxis wird das hier für den Turbolader beschriebene Programm zu einem Bestandteil des gesamten Motor-Managements werden.

In Bild 100 ist die Arbeitsweise einer rechnergesteuerten Ladedruckregelung schematisch dargestellt.

Die Membran des Überdruckventils dient hier nicht mehr allein als Regler. Die Regelung erfolgt kombiniert über den elektronischen Prozessor. Anhand des berechneten Werts erhält das Magnetventil ein elektrisches Signal, das seinen Öffnungsgrad bestimmt. Somit arbeitet das Magnetventil als Druckverteiler.

Dadurch wirkt nicht mehr der gesamte Ladedruck auf die Membran, sondern nur noch ein mehr oder weniger großer Teil davon, je nach dem, wie weit das Magnetventil geöffnet ist. Auf diese Weise werden Öffnungsdauer und Durchlaß des Bypass-Ventils elektronisch beeinflußt.

Diese flexible, intelligente Regelung bietet viele Vorteile. So hat Lancia mit einem vergleichbaren System im Lancia 2.0-i.e.-Turbo eine Art Kick-down-Möglichkeit geschaffen, die in etwa wie folgt beschrieben werden kann:

Wenn beim Fahren das Gaspedal plötzlich völlig durchgetreten wird (kick down), schließt das Bypass-Ventil elektronisch, so daß alle Abgase über die Turbine strömen und der Ladedruck spontan in die Höhe schnellt. Dadurch wird eine sehr hohe Motorleistung möglich, womit der Wagen extrem beschleunigen kann. Sobald die gewünschte Geschwindigkeit erreicht ist und das Gas etwas zurückgenommen wird, öffnet das Bypass-Ventil wieder, und der Ladedruck fällt auf seinen Normalwert. Natürlich bleibt dieser „Overboost" auf einige Sekunden begrenzt, und Sensoren überwachen die Sicherheit des Motors, um im Fall von Störungen den Ladedruck sofort zurückzunehmen.

Ohne Zweifel können auch Turbolader mit verstellbarem Düsenring oder veränderbarem Turbineneintritt auf diese Weise geregelt werden.

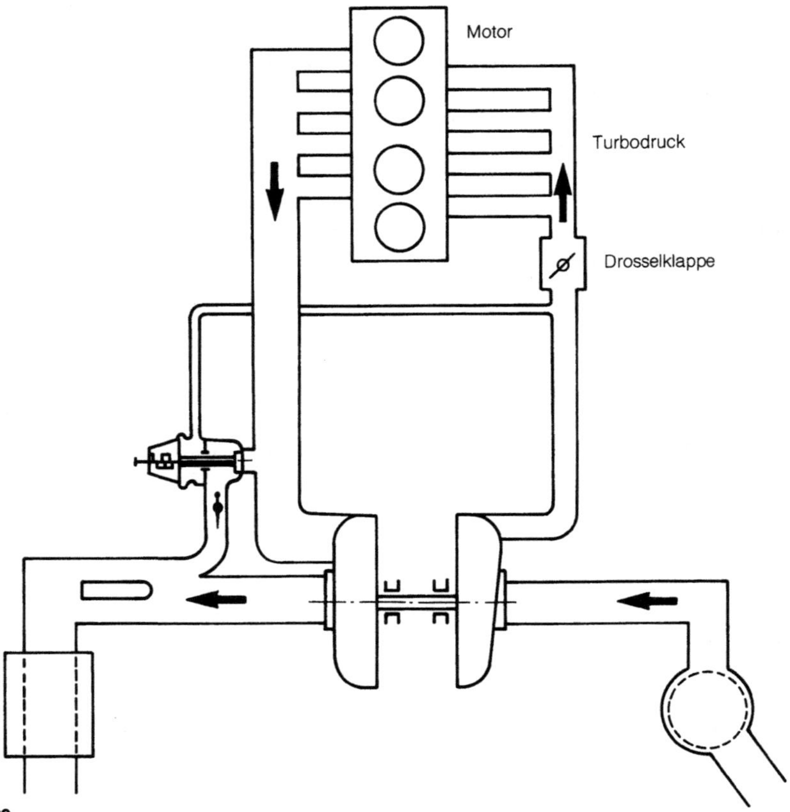

Bild 99

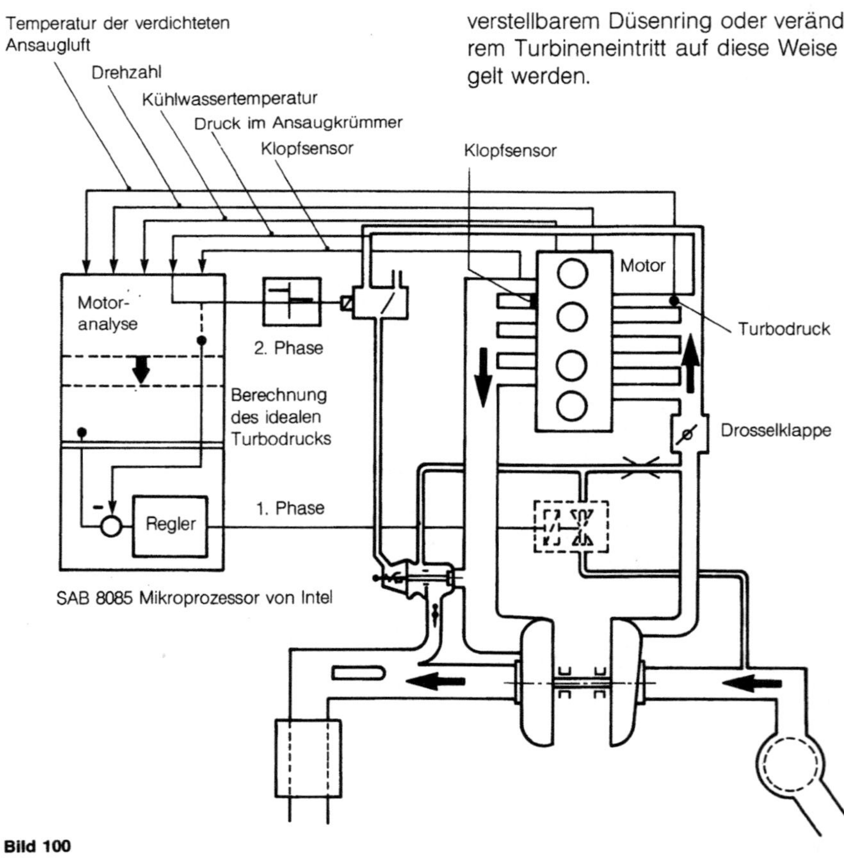

Bild 100

6 Ergänzende Systeme

6.1 Ladeluftkühlung – Intercooler

Komprimiert man ein Gas, so erwärmt es sich. Wir kennen alle die Situation, wenn sich beim Aufpumpen eines Fahrradreifens die Luftpumpe erwärmt: durch die Verdichtung der Luft steigt ihre Temperatur, wodurch sich aber ihre Dichte verringert.

Im Kompressor des Turboladers wird ebenfalls Luft verdichtet, die sich dadurch erwärmt. Da es bei der Turboladeraufladung aber darum geht, dem Motor möglichst viel Sauerstoff zu liefern, ist es sinnvoll die Dichte der Ladeluft und damit die Sauerstoffmenge durch Abkühlung zu steigern.

Deshalb wird die Druckluft, die den Kompressor verläßt, durch einen Kühler geführt, bevor sie in den Motor gelangt (Bild 101 und 102).

Wenn dem Motor kühlere Luft zugeführt wird, ist seine Wärmebelastung nicht so hoch, was der Zuverlässigkeit und der Lebensdauer zugute kommt.

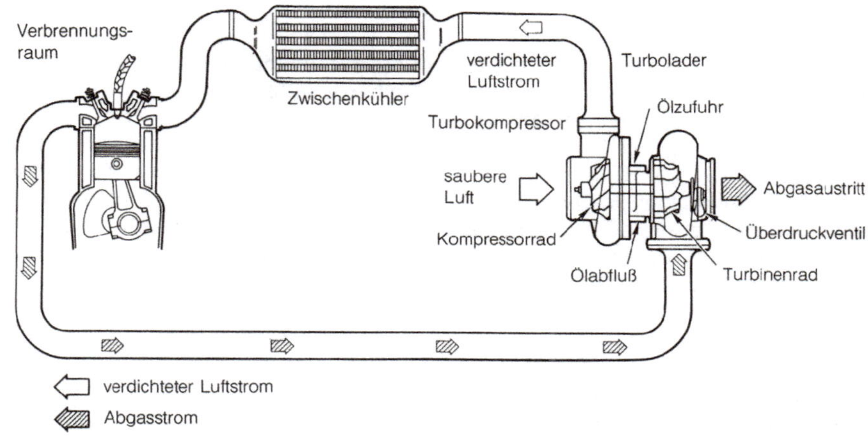

Bild 101

Bild 101

Es gibt sowohl Luft-Luft-Intercooler als auch Systeme, bei denen eine Kühlflüssigkeit zum Abkühlen der Luft verwendet wird.

Hierzu wird der Kühler dann meist an den normalen Kühlwasserkreislauf des Motors angeschlossen.

6.2 Aufladung mit mehreren Turboladern

Turbolader in Parallelschaltung

In einigen Fällen, besonders an V-Motoren, hat der Motorhersteller die Wahl zwischen einem einzelnen Turbolader, der für den gesamten Motor die notwendige Luft liefert, oder mehreren kleineren Turboladern, von

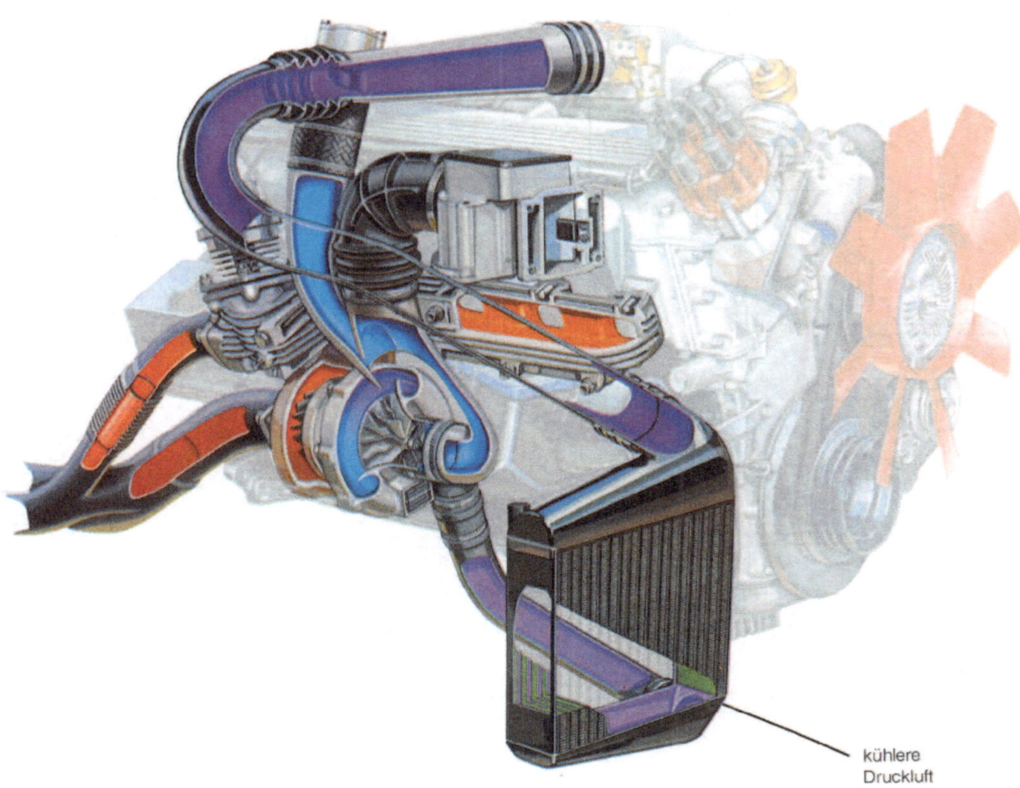

Bild 102

denen jeder ein Teil der benötigten Luft bereitstellt. Im zweiten Fall wird jeder Turbolader von einem entsprechenden Anteil der Abgase angetrieben.

Zwei kleine Turbolader, Bi-Turbo-System, kommen aufgrund ihrer kleineren Laufräder schneller auf Touren und reagieren damit besser auf das Gaspedal. Auch ihre Ansaug- und Auspuffkrümmer sind kürzer und einfacher.

Dem steht gegenüber, daß zwei Turbolader im allgemeinen teurer als ein großer sind und ihre Synchronisation eine ziemlich knifflige Angelegenheit ist.

Es gibt aber nicht nur zwei Turbolader wie beim Maserati Bi – Turbo oder den V10-LKW-Motoren von Mercedes, sondern auch Motoren, die vier Turbolader haben, z. B. manche 16-Zylinder-V-Motoren von GM-Detroit, bei denen je ein Turbolader für vier Zylinder eingebaut ist.

Registeraufladung bzw. Turbolader in Reihenschaltung

Mit den üblicherweise verwandten einstufigen radialen Turbinen- und Kompressorgehäusen ist der Ladedruck bei wirtschaftlichen Wirkungsgraden auf ca. 3,3 bar begrenzt. Um höhere Drücke zu erreichen, müßten andere Turbinen- und Kompressortypen gewählt werden, die viel komplizierter, schwerer und teurer als die heutigen Serienturbolader wären.

Eine andere Lösung besteht darin, zwei unterschiedlich große Turbolader in Reihe hintereinander anzuordnen. Der Kompressor des großen Turboladers (Niederdruckturbolader) saugt über den Luftfilter saubere Luft an, verdichtet diese und leitet sie zum Eintritt des kleinen Turboladers (Hochdruckturbolader). Dort wird die Luft weiter komprimiert und danach dem Motor zugeführt. Die Motorabgase werden zunächst in die Turbine des Hochdruckturboladers geleitet, von dort aus in die Turbine des Niederdruckturboladers und erst danach zum Auspuff.

Damit dieses Sytem wirkungsvoll funktioniert, muß die Ladeluft gekühlt werden, und zwar sowohl zwischen dem ersten und zweiten Turbolader als auch zwischen dem zweiten Turbolader und dem Motor.

Noch wirksamer wird diese Anlage, wenn für die Niederdruckstufe ein Turbolader mit Überdruckventil (Wastergate) eingesetzt wird. Dann kann mit einer kleineren und somit schnelleren Turbine gearbeitet werden, womit die Reaktion beim Gasgeben spontaner erfolgt. Das Überdruckventil hält den Druck und damit auch die Temperatur der zugeführten Luft vor dem Hochdruckturbolader unter Kontrolle, und ein Zwischenkühler erübrigt sich.
Zusätzlich steigt die Leistung der Hochdruckturbine, wenn sich das Überdruckventil der Niederdruckturbine öffnet.

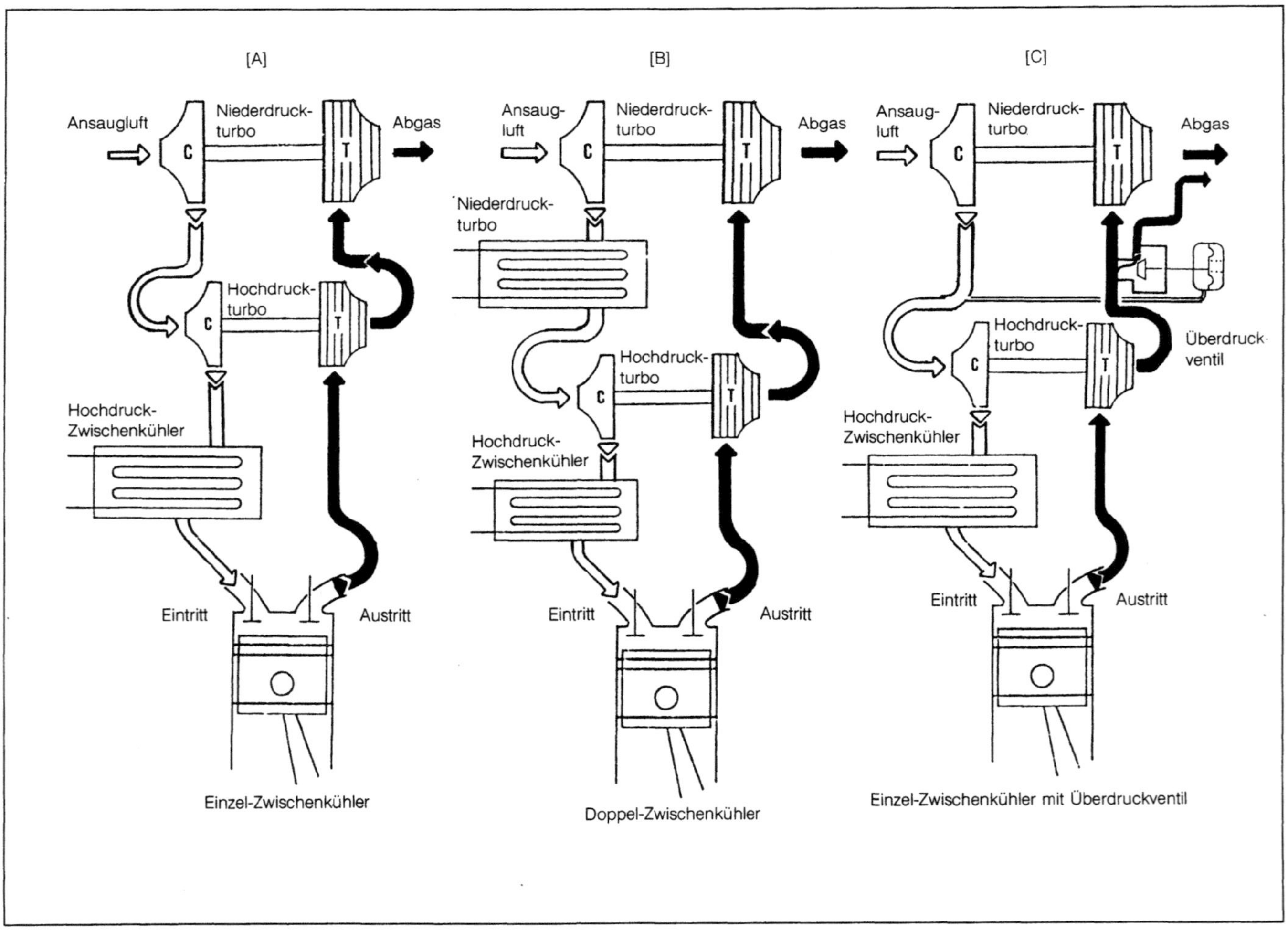

Bild 103: Aufladesysteme mit Turbos in Reihenschaltung

6.3 Turbolader-Verbund-System/Turbocompound

Den thermischen Wirkungsgrad des Motors weiter zu verbessern ist eines der großen Ziele in der Entwicklung von Verbrennungsmotoren. Dabei scheint das Turbolader-Compound-System eine vielversprechende Zukunft zu haben. Die Forschungen der meisten Motorhersteller zielen deshalb in diese Richtung, jedenfalls für Dieselmotoren mit einem Hubraum zwischen 10 und 20 Litern.

Das Grundprinzip besteht darin, daß die Abgase erst einen normalen Turbolader antreiben, und dann eine zweite Turbine, bevor sie zum Auspuff abgeleitet werden. Die zweite Turbine treibt keinen Kompressor an, sondern unterstützt über ein Getriebe und eine hydraulische Kupplung den Antrieb der Kurbelwelle des Motors. Dabei liegt die Untersetzung etwa bei 20:1 bis 25:1.

Vor allem für Motoren aus hochwertigen Werkstoffen, bei denen weniger Wärme an das Kühlsystem abgeführt wird und die Abgastemperaturen steigen, bietet das Turbolader-Compound-System gute Perspektiven.

Die höheren Abgastemperaturen werden gut genutzt, wobei sich die Abgastemperaturen beim Durchströmen der kleinere Arbeitsturbine um etwa 100 °C verringern. Aus vielen Versuchen geht hervor, daß die Leistungszunahme insgesamt 10 % betragen wird. Daher ist zu erwarten, daß sich das Turbolader-Compound-Konzept durchsetzt.

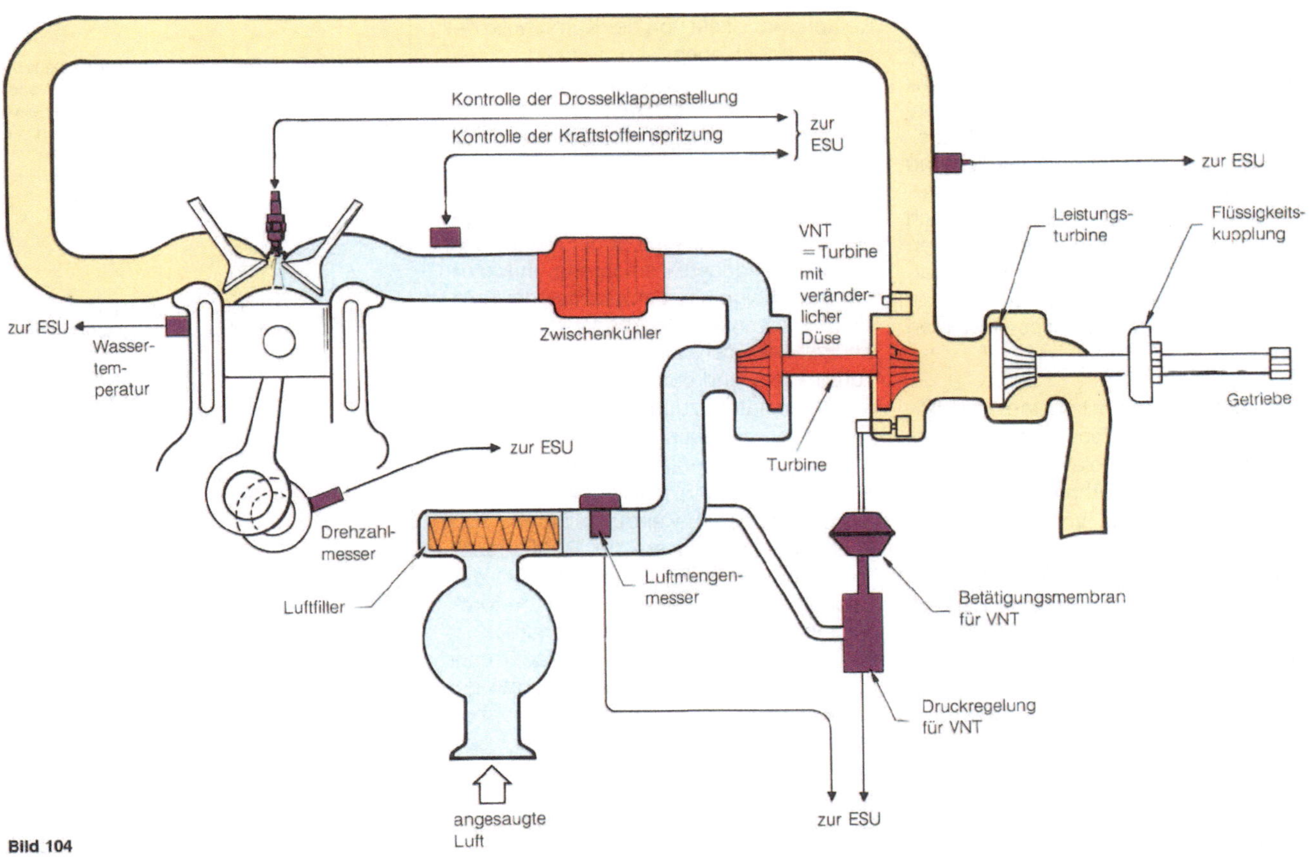

Bild 104

7 Mechanische Aufladung

Einige Pkw-Hersteller interessieren sich immer wieder für die mechanische Aufladung, um auch die Leistung noch kleinerer Personenkraftwagen durch Aufladung zu erhöhen.
Die mechanische Aufladung ist eine aussichtsreiche Alternative zu Turboladern an kleinen Motoren. Die Auflader, die nach dem Strömungsprinzip (Zentrifugalaufladung) arbeiten, haben einen hohen Wirkungsgrad und beanspruchen für einen bestimmten Förderstrom den geringsten Raum unter der Motorhaube. Infolge der zur Druckerhöhung erforderlichen hohen Umfangsgeschwindigkeiten sind jedoch die Antriebsdrehzahlen sehr hoch. Außerdem ist ein nahezu gleiches Druckverhältnis über einen großen Bereich des Förderstroms (also Drehzahlbereich) nur mit einer variablen Übersetzung möglich. Dadurch ist die an sich alte Idee nur schwer realisierbar. Ein weiterer Nachteil der mechanischen Aufladung gegenüber der Turboaufladung liegt darin, daß ein Kompressor über die Kurbelwelle, meist mit Kraftübertragung durch einen Keilriemen, angetrieben wird und somit dem Motor erst eimal eine gewisse Energiemenge abgenommen wird. Die nicht unerhebliche Restenergie im Abgas bleibt hierbei ungenutzt.
Die Auflader, die nach dem Verdrängungsprinzip arbeiten, gibt es mit oder ohne innere Verdichtung. Zu den Aufladern mit innerer Verdichtung rechnet man beispielsweise die Kolben-, Schrauben- und Flügelzellenverdichter. Ohne innere Verdichtung arbeitet zum Beispiel das Roots-Gebläse.
Alle genannten Kompressoren, die nach dem Verdrängungsprinzip arbeiten, haben gemeinsame charakteristische Eigenschaften, die sich sehr gut anhand des Diagramms eines Roots-Gebläses illustrieren lassen.

- Die Drehzahllinien n = konstant im P_2/P_1-V-Diagramm verlaufen sehr steil. Das bedeutet, daß der Volumenstrom V bei steigendem Druckverhältnis P_2/P_1 nur wenig abnimmt. Die Verringerung des Volumenstroms wird durch Spaltverluste (Rückströme) verursacht. Diese sind vom Druckverhältnis P_2/P_1 und von der Zeit abhängig, aber nicht von der Drehzahl. Daraus folgt unmittelbar:
- Das Druckverhältnis P_2/P_1 ist drehzahlunabhängig. Folglich kann auch mit einem kleinen Volumenstrom ein hohes Druckverhältnis erreicht werden.
- Der Volumenstrom V ist nicht vom Druckverhältnis abhängig und ist in etwa direkt proportional zur Drehzahl.
- Es gibt keinen instabilen Arbeitsbereich. Ein eingebauter Kompressor, der nach dem Verdrängungsprinzip arbeitet, kann über den gesamten Arbeitsbereich P_2/P_1

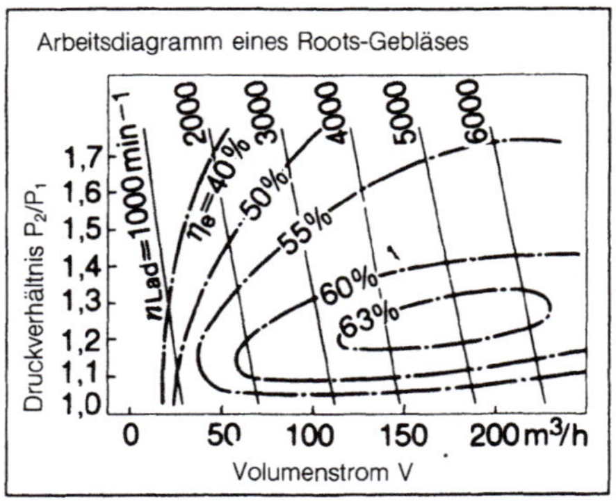

Bild 105

eingesetzt werden, der von den Abmessungen des Kompressors bestimmt wird. (Bild 105)

Die Entwicklung neuer verschleißfester Werkstoffe und moderner Produktionstechniken, die gleichbleibende Qualitäten ermöglichen, haben den Kompressor wieder interessant gemacht. Da der mechanische Kompressor direkt von der Kurbelwelle des Motors angetrieben wird, reagiert er sehr schnell auf das Gaspedal. Besonders bei niedrigen Drehzahlen weist der Kompressor gegenüber dem Turbolader deutliche Vorteile auf.
Da die Abgase nicht zum Antrieb des Kompressors benutzt werden, können sie direkt über den Auspuff abgeführt werden, was eine niedrigere Temperatur im Motorraum zur Folge hat. Bei wechselnder Belastung schwanken die Abgastemperaturen weniger als bei der Verwendung eines Turboladers, und das kommt der Funktion des Katalysators zugute.
Die Tendenz, relativ kleine Motoren mit hohem Leistungspotential einzusetzen, bietet für den mechanischen Kompressor ein entsprechendes Anwendungsfeld.
Auch das Aufkommen des Rußfilters für Dieselmotoren wirkt vorteilhaft für den mechanischen Kompressor. Der dadurch entstandene relativ hohe Gegendruck im Auslaßsystem ist für den Turbolader eher ungünstig. Dem gegenüber steht, daß der Turbolader eine längere Lebensdauer hat, seine Abmessungen kleiner sind, sein Gewicht geringer, und der Ladedruck leichter zu regeln ist, er weniger Geräusche produziert und bei höheren Drehzahlen eine größere Leistung abgibt.

7.1 Roots-Gebläse

Das Roots-Gebläse ist der am weitesten verbreitete mechanisch angetriebene Kompressortyp und fast genauso alt wie der Verbrennungsmotor selbst. Die zweiflügligen oder zweibogigen Läufer bzw. Drehkolben verdichten selbst keine Luft, daher kommt es auch nicht zu einer inneren Verdichtung. Sie rotieren, ohne sich gegenseitig oder die Wand zu berühren.
Die Abmessungen der dabei entstehenden Leckspalten werden von der Konstruktion, dem gewählten Werkstoff und den Bearbeitungstoleranzen bestimmt. Die Drehkolben werden mit Hilfe eines außerhalb des Verdichtungsraums rotierenden Zahnrad-

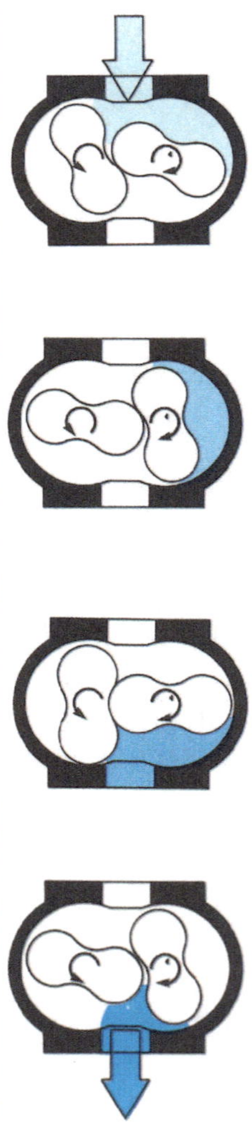

A Der Luftstrom im Raum zwischen den beiden Läufern wird freigegeben.

B Jetzt ist die Luft zwischen Wand und Läufer eingeschlossen und wird zur Auslaßseite verdrängt.

C Die eingeschlossene Luft hat jetzt die Auslaßseite erreicht.

D Die Luft wird von den (gegenläufig drehenden) Läufern aus der Kammer gedrückt.

Bild 106

werks synchronisiert. Indem ein Kompressor eingesetzt wird, der mehr Luft fördert als der Motor selbst ansaugen kann, entsteht ein Ladedruck der eine höhere Leistung des Motors bewirkt.

Funktionsprinzip des Roots-Gebläses

Das Roots-Gebläse ist fast so alt wie der Benzinmotor und verdankt seinen Namen den Erfindern: den Gebrüdern Roots. Seine Funktion ist einfach. Erst wenn das Roots-Gebläse mehr Luft liefert als der Motor ansaugen kann, entsteht ein Überdruck im Einlaßtrakt. Der Kompressor bzw. das Gebläse selbst ist eigentlich nichts weiter als eine Pumpe.
Diese Form der mechanischen Aufladung birgt in sich zwei große Probleme: a) die Neigung zur Überhitzung, wenn der Motor abgebremst wird und b) die Probleme, wenn der Motor im stehenden Fahrzeug läuft. In Japan konzentrierte sich die Forschung hierauf und als Lösung für das erste Problem wurde inzwischen ein Umluftventil entwickelt, das den Kompressor entlastet, wenn der Motor abgebremst wird.

7.2 Spiral-Kompressor

Spiralverdichter arbeiten mit innerer Verdichtung. Die Idee in die Praxis umzusetzen, erwies sich als kompliziert, weil die Schmierung der sich abwickelnden Spiralen erhebliche Probleme aufwarf. Bei allen Kompressoren, in denen Teile aufeinandergleiten, kann man aber heute moderne Werkstoffe einsetzen, die verschleißfest sind und keine besondere Ölschmierung benötigen.

Der Spiralverdichter, von VW als „G-Verdichter“ wegen seiner G-ähnlichen Spiralform benannt, hat sehr geringe Gleitgeschwindigkeiten. Bei 10200 U/min sind das lediglich 5,1 m/s und dank des verwendeten PTFE-Bronze-Werkstoffs ist eine gute Abdichtung möglich. Durch Anpassen der Breite der Spiralen kann die Fördermenge des Kompressors erhöht werden. Wenn der Zylinderhubraum der Motoren zwei Liter übersteigt, wird es jedoch schwierig, einen Platz für den Kompressor zu finden.

Funktionsschema des G-Verdichters

Der G-Verdichter besteht im wesentlichen aus zwei starren Gehäusehälften und einem beweglichen Teil, dem Verdränger, in deren Mitte. Auf den Gehäusen sind je zwei Spiralkörper aufgebracht, auf dem Ver-

Bild 107: Der G-Verdichter von VW stellt eine moderne Variation eines alten Themas dar. Dank seiner aktuellen Werkstoffe und Konstruktionstechniken ist der Kompressor wartungsfrei und hat einen hohen Wirkungsgrad.

dränger jeweils zwei, wir nennen sie hier **a** und **b**, auf jeder Seite. Infolge der exzentrischen Bewegung des Verdrängers laufen damit vier Zyklen ab, zwei links am Verdränger und zwei auf der rechten Seite. Die Arbeitsweise des G-Verdichters läßt sich in vier Stufen beschreiben. Zur Verdeutlichung verfolgen wir nur die Spirale **a**.

A) An der Innenseite der Verdrängerspirale **a** wird die Luft zwischen der Spirale und dem Gehäuse eingelassen. An der Außenseite ist die Luft eingeschlossen.
B) Wenn der Verdränger 90° weiterdreht, wird die Verdrängerspirale **a** von der auf dem Gehäuse sitzenden Spirale weggebogen. Es wird mehr Luft an der Innenseite angesaugt, während die Luft an der Außenseite zum Motoreinlaß über die Öffnungen **c** gepumpt wird.
C) Nach weiteren 180° verschließt die Spirale **a** die Luftzufuhr an der Innenseite, und es kann Luft an der Außenseite einströmen. In der Mitte läuft das Pumpen der Luft zum Motor weiter.
D) 270° weiter sehen wir, daß an der Außenseite der Spirale **a** maximal angesaugt wird, während die verdichtete Luft, die sich an der Außenseite der Spirale **a** befindet, zum Motor strömt.

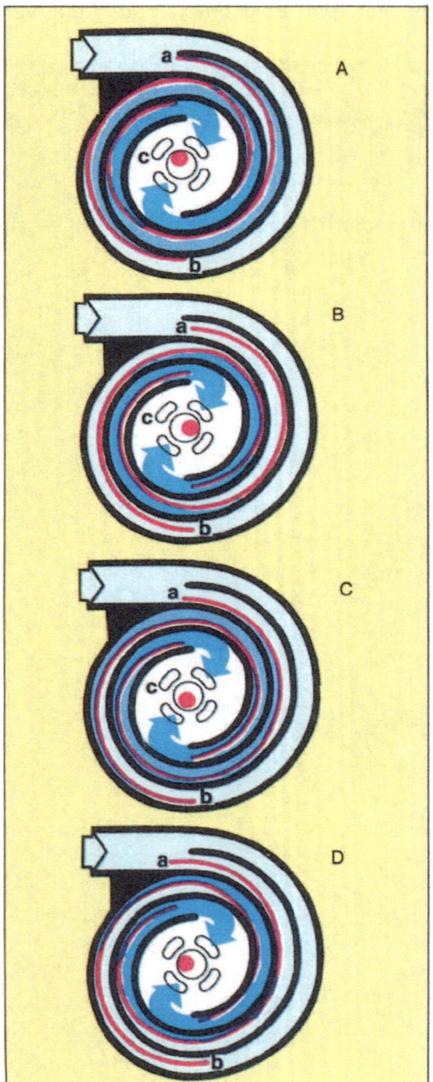

Bild 108

7.3 Wankel-Kompressor

Bei dem Rekordversuch von NSU verwendete Wankel einen seiner Drehkolbenkompressoren, um dem Zweitakter die notwendige Leistung zu verleihen. Seit 1975 arbeitet man bei Pierburg an einer ganzen Reihe von Typen, die mitunter sehr kompliziert sind.
Für die Ro-Ausführung wurde an KKK die Lizenz vergeben. Sie ist eine geniale Konstruktion, mit der eine innere Verdichtung von 1:12 und etwa 12000 U/min möglich sind. Die verdichtete Luft ist nicht sonderlich heiß und pulsiert auch nicht sehr stark. Durch die direkte mechanische Kopplung an den Motor kommt es bei der mechanischen Aufladung zu keiner Verzögerung, wenn das Gaspedal betätigt wird, so daß das zusätzliche Motordrehmoment direkt zur Verfügung steht. Das ist vor allem dann interessant, wenn die Motor-Auslegung auf Elastizität und nicht auf Maximalleistung zielt. Für die letztere steht der Turbolader im Mittelpunkt. Ein elastischer Motor liefert schon bei niedrigen Drehzahlen ein ausreichend hohes Drehmoment und ist vor allem als Antrieb für kleinere Wagen attraktiv. Als Nachteil der mechanischen Aufladung wirken sich vorläufig noch der relativ große Platzbedarf aus, den die Anlage unter der Motorhaube erfordert und auch der hohe Geräuschpegel, der mit dieser Art von Aufladung verbunden ist. Die Entwicklung des Ro-Laders wurde jedoch 1990 eingestellt.

Funktionsprinzip des Ro-Kompressors von KKK

A) In dieser Stellung strömt Luft in die vom Innenläufer fast völlig geöffnete Kammer (1) ein. Die Lage des Einlaßrands I bestimmt hierbei das Füllen der Kammer (1). In Kammer 2 beginnt das Füllen, während aus Kammer 3 die Luft herausgedrückt wird.
B) In dieser Stellung hat die Kammer 1 ihr größtes Volumen erreicht. Sie enthält eine bestimmte Menge Luft. Kammer 2 wird gefüllt, aus Kammer 3 strömt die Luft aus.
C) Jetzt wird das Volumen von Kammer 1 durch den eindringenden Innenläufer verkleinert und die Luft in der Kammer verdichtet. Die Lage des Auslaßrands U bestimmt das Maß der Verdichtung. In Kammer 2 läuft das Füllen weiter, und in Kammer 3 ist die Luft soeben ausgetrieben worden.
D) Aus Kammer 1 wird die verdichtete Luft

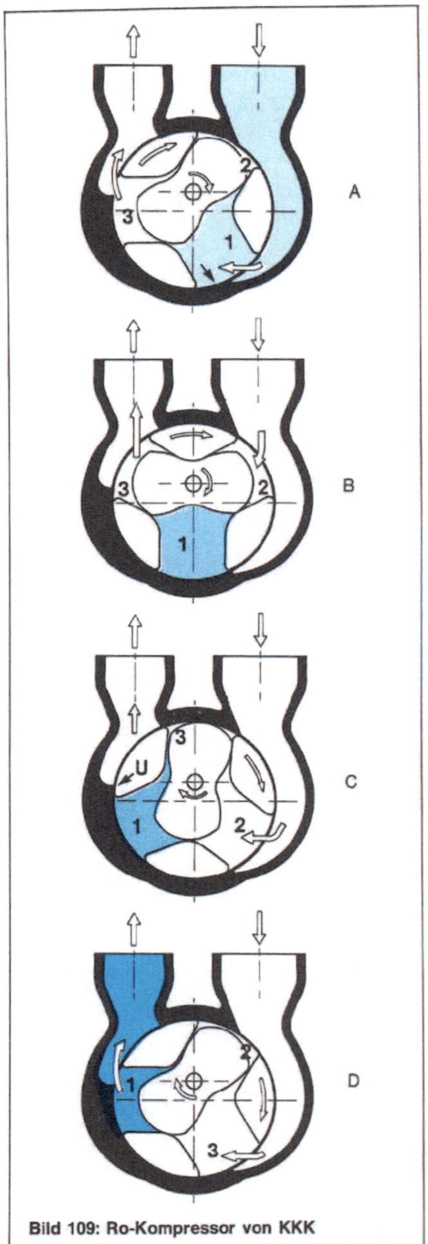

Bild 109: Ro-Kompressor von KKK

zum Einlaßkanal des Motors ausgetrieben. Kammer 2 befindet sich in Stellung A und beginnt anzusaugen. Somit wird bei jeder Umdrehung des Innenläufers dreimal verdichtete Luft geliefert.

7.4 Flügelzellen-Kompressoren

Von dieser Verdichterart gibt es zwei technische Ausführungen. Bei der einen schieben sich die Flügel (flache Dichtstreifen) in ein exzentrisch gelagertes Laufrad. Bei der anderen sitzen die Flügel fest im Kern und berühren die Gehäusewand nicht. Durch die exzentrische Lagerung wird ein innerer Verdichtungsdruck möglich. Die Stärke der Kompression wird bei einer gegebenen Exzentrizität dadurch bestimmt, daß man die Lage von Rand A im Gehäuse verändert. Im allgemeinen wird der Kompressor vom Verbrennungsmotor über einen Riementrieb (Keilriemen, Zahnriemen) mechanisch angetrieben. Die Kopplung erfolgt entweder direkt (bei konstantem Einsatz) oder über eine Kupplung (beispielsweise eine Magnetkupplung, im sogenannten Zuschaltverfahren). Das Übersetzungsverhältnis kann über den gesamten Drehzahlbereich des Motors konstant oder veränderlich sein. Ein bekanntes Beispiel für den ersten Typ ist der Zoller-Verdichter. Für den zweiten Typ ist der Shorrock-Verdichter die bekannteste Version, der um 1970 gebaut wurde. In Deutschland bezeichnet man diesen letzteren als „Drehflügelverdichter", und renommierte Firmen wie Pierburg und Bendix beschäftigen sich mit ihm. Beide Firmen befassen sich schon einige Jahre intensiv mit der Perfektionierung der alten Flügelzellenpumpe, und dies dem Vernehmen nach mit Erfolg. Pierburg glaubt, durch Anwendung eines Regulierventils bei Teillast aus einem Zellenkompressor mehr Leistung herausholen zu können. Noch ist dieses Regulierventil aber Zukunftsmusik. Zunächst muß der Kompressor selbst gut funktionieren. Mit seiner Anwendung an Ottomotoren kann der Kraftstoffverbrauch um etwa 4% gesenkt werden. Auch der Stickoxidausstoß ist viel geringer, weil die Temperatur in der Verbrennungskammer sinkt. Mit einem derartigen Kompressor fällt das Verdichtungsverhältnis, und es wird mehr Leistung aus einem volleren PV-Diagramm herausgeholt. Das bedeutet, daß zwar der Spitzendruck niedrig ist, aber ein höherer mittlerer Arbeitsdruck während des Krafthubes herrscht. Gemäß Pierburg erfordert der Antrieb seines Kompressors etwa 4% P_{max}. Wenn es gelingt, den Kompressoreinlaß mit einem Ventil zu regulieren, kann die Drosselklappe entfallen und der Wirkungsgrad bei Teillast noch weiter steigen. Gegenwärtig liegt er zwischen 65 und 70 %, ein Wert der für alle modernen Kompressorversionen genannt wird und der weit höher liegt als die 40 bis 42% der Vorkriegsmodelle.

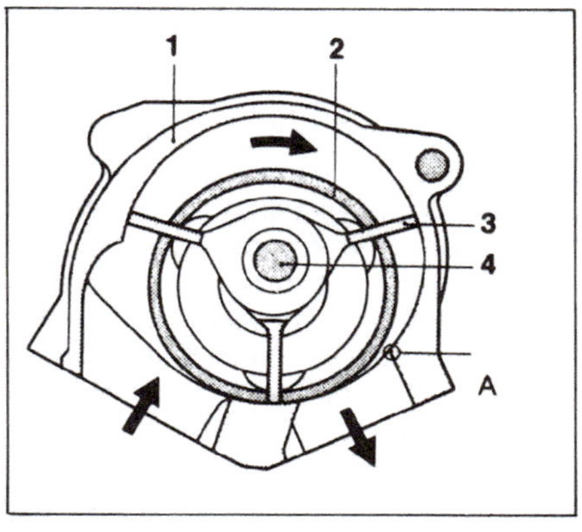

Bild 110: Schnitt durch einen Flügelzellenverdichter 1 Gehäuse, 2 Läufer, 3 Flügel, 4 Zapfen

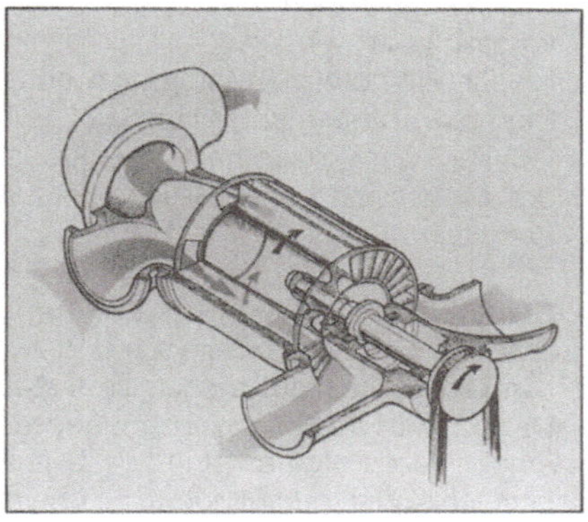

Bild 111: Der Comprex-Kompressor wird von der Kurbelwelle angetrieben und rotiert mit einer Drehzahl von 20000 U/min. Daß es dabei zum Pfeifen beim Ein- und Ausströmen der Gase kommt, kann nicht überraschen. Schließlich sieht er ja auch ein bißchen wie eine Panflöte aus.

7.5 Comprex-Druckwellenkompressor

Dieser Verdichtertyp ist erst 20 Jahre alt und stellt das Ergebnis theoretischer Untersuchungen von Druckwellen in Gasen dar.

Der von BBC gebaute Druckwellenverdichter ist eine gasdynamische Maschine, in der mit Hilfe von Druckimpulsen ein direkter Energieaustausch zwischen Abgas und Ansaugluft stattfindet.

Dieser Austausch vollzieht sich in den Kammern eines Laufrads (auch Zellenrad genannt), das zur Regelung und Beherrschung des Druckimpulsvorgangs vom Motor über einen Riementrieb angetrieben werden muß. Im Zellenrad wird die Energie mit Druckwellen bis zur Schallgeschwindigkeit ausgetauscht. Die Geschwindigkeit der Druckwellen ist eine Funktion der Abgastemperatur und damit faktisch vom Drehmoment des Motors und nicht von seiner Drehzahl abhängig. Bei einem konstanten Übersetzungsverhältnis zwischen Motor und Druckimpulskompressor ist daher der Druckimpulsprozeß zunächst nur bei einem Arbeitspunkt optimal. Durch Kammern in den Kopfseiten der Gehäuse kann aber der Bereich guter Wirkungsgrade auf einen ziemlich breiten Arbeitsbereich ausgedehnt werden, wodurch sich eine gute Charakteristik des Ladedrucks erzielen läßt.

Da sich der Energieaustausch im Läufer mit Schallgeschwindigkeit vollzieht, reagiert der Druckwellenkompressor schnell auf Zustandsänderungen. Seine Reaktionszeiten werden vom Füllen und Leeren der Einlaß- und Auslaßluftleitungen bestimmt. Über einen Riemen wird das Zellenrad von der Kurbelwelle des Motors angetrieben. Zur Geräuschminderung haben die Kammerwände des Zellenrads ungleichmäßige Abstände. Das Zellenrad läuft in einem zylinderförmigen Gehäuse, an dessen Kopfseiten die Luft- und Gaskanäle münden. Dabei sitzt der Niederdruck- und der Hochdruck-Lufteintritt an der einen sowie der Hochdruck- und Niederdruck-Abgasaustritt auf der anderen Seite. Der Läufer ist einseitig gelagert.

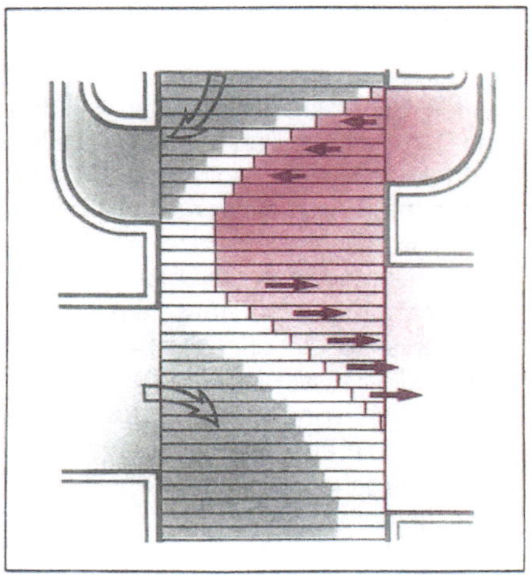

Bild 112: Der Comprex-Druckwellenverdichter, entwickelt von BBC, nutzt wie der Turbo die Energie der Abgase zum Verdichten der Luft. Die Abgase werden in eine rotierende Trommel mit Kammern geblasen und schieben dabei die vor ihnen befindliche Ansaugluft heraus. Während die Trommel sich dreht, verlieren die Abgase ihre Energie und werden zum Auslaß zurückgedrückt. Dabei wird Außenluft angesaugt, und die Verdichtung kann erneut beginnen.

8 Tips aus der Praxis

8.1 Montage eines Austauschturboladers

Wird ein Motor oder ein Fahrzeug repariert, bei dem es Anzeichen für Turboladerprobleme gibt, muß unbedingt geprüft werden, ob der Turbolader defekt ist. Dabei kann die Tabelle in Bild 52 Hilfestellung geben. Steht es fest, daß der Turbolader defekt ist, muß gründlich geprüft werden, wo die Ursache liegt. Wird die Ursache nicht beseitigt, wird auch der neue Austauschturbolader durch den gleichen Mangel beschädigt werden, und das oft nur wenige Minuten, nachdem der Motor mit dem neuem Turbolader gestartet wurde.
Erst nachdem die Ursache für den Defekt am ersten Turbolader erkannt und beseitigt worden ist, darf der neue Ersatzturbolader eingebaut werden.
Um sicherzugehen, daß der Austauschturbolader die gleiche Qualität wie ein Neulader aufweißt, sollte er über die offiziellen Servicekanäle des Turboladerherstellers bezogen werden. Für Deutschland wurde die Firma Motair Turbolader GmbH von großen Herstellern wie Garrett und Holset als offizielles Service-Unternehmen eingesetzt.
Bei Einbau des Turboladers müssen vor allem folgende Montagevorschriften beachtet werden:

- **Ölablaufleitung:** Vollständig demontieren und säubern. Auf Beulen, Beschädigungen und Engstellen kontrollieren. Im Laufe der Zeit können Gummischläuche und Gummimuffen unter dem Einfluß des heißen Motoröls innen quellen, so daß das Öl nicht mehr ungehindert abfließen kann. Im Zweifelsfall sollten die Gummiteile immer durch die vorgeschriebenen Originalschläuche ersetzt werden. Vom großen Durchmesser der Ölablaufleitung darf man sich nicht täuschen lassen, denn er ist absolut erforderlich und muß vollständig frei sein. Hier läuft ja nicht nur Öl hindurch, sondern auch große Mengen Gas, die aus dem Turbolader über das Lagergehäuse in das Kurbelgehäuse mitgeführt werden.

- **Kurbelgehäuseentlüftung:** Vollständig demontieren und säubern. Hier gelten dieselben Vorschriften wie bei der Ölablaufleitung. Eventuelle Rückschlagventile kontrollieren und bei Bedarf austauschen. An der Entlüftung ist oft ein kleiner Ölkondensator montiert, der auch zu reinigen und zu kontrollieren ist.

- **Dichtungsmaterialien:** Nie flüssige Dichtmittel an Ölzulauf- und Ablaufleitungen verwenden. Die meisten dieser Materialien lösen sich im heißen Öl auf und verunreinigen das Schmieröl, wodurch die Lager des Turboladers beschädigt werden können.

- **Öl und Filter:** Motoröl wechseln und neue Öl- und Luftfilter einsetzen.

- **Vorschmieren:** Vor dem endgültigen Anbau der Ölzulaufleitung muß der Turbolader über den Ölleitungsanschluß vorgeschmiert werden.
  Hierfür wird normales Motoröl verwendet. Der neue Turbolader wird ohne Öl geliefert, muß aber gleich nach dem Starten des Motors mit hoher Geschwindigkeit drehen.

- **Starten:** Nach der Montage des Turboladers ist der Motor zu starten und zwei Minuten im Leerlauf drehen zu lassen. Danach wird die Motordrehzahl langsam erhöht. Jetzt kann eine Probefahrt gemacht oder der Motor mit höheren Drehzahlen belastet werden. Im Anschluß daran ist die Anlage auf mögliche Luft-, Gas- oder Ölleckagen zu kontrollieren.

8.2 Turboladerreparaturen: Eine Sache für Fachleute

Die relativ einfache mechanische Konstruktion eines Turboladers könnte einen Automechaniker in Versuchung führen, selbst am Turbolader herumzubasteln.
Das hat in der Praxis schon sehr unangenehme Folgen gehabt. So sind die Toleranzen der Maße zwischen den Lagern und dem Lagergehäuse sowie zwischen den Lagern und der Welle sehr gering, wobei sie auf den ersten Blick viel Spielraum zu haben scheinen. Ein falsches Lagerspiel führt aber zu einer instabilen Welle und zu Schmierölmangel.
Außerdem müssen Breite und Tiefe der Kolbenringnuten genau kontrolliert werden, da sie auf die zugehörigen Kolbenringe abgestimmt sind.
Die Lauf- und Lagerflächen von Welle und Lagergehäuse sind im Bereich der Lager feingeschliffen bzw. gehont. Andere Flächen müssen dagegen eine bestimmte Rauhigkeit haben.
Der Läufer, der in Abhängigkeit von Art und Anwendungsgebiet zwischen 30 und 270000 U/min drehen kann, muß vollständig und perfekt ausgewuchtet werden. Bei kleineren Turboladern für Personenkraftwagen erfolgt nach dem Wuchten der einzelnen Läuferwelle ein zweiter Wuchtvorgang, genannt Feinwuchten. Dieser Vorgang geschieht auf einer speziellen Testmaschine. Die Läuferwelle wird hierbei, fertig montiert im Lagergehäuse, auf eine Umdrehung von bis zu 100.000 min^{-1} beschleunigt. Auftretende Schwingungen als Beweis für Restunwuchten werden hierbei lokalisiert und anschließend beseitigt.
Immer häufiger werden Dehnschrauben als Befestigungselemente eingesetzt, so daß ein moderner Turbolader nur noch mit äußerst genauen Drehmomentschlüsseln professionell montiert werden kann, um die vom Hersteller berechneten Anzugskräfte einzuhalten.
Die präzise Einstellung des Überdruckventils erfolgt nach Ausbau des Turboladers beim Hersteller oder in der Spezialwerkstatt anhand der Vorschriften. Dabei ist auch wichtig, daß die Gehäuse genau ausgerichtet sind. Eine veränderte Winkelstellung der Gehäuse kann in vielen Fällen die Druckeinstellung zunichte machen.
Aus diesen Gründen liefern die großen Turboladerhersteller Reparaturteile nur an ihre anerkannten Service-Zentren.
Da eine ordentliche Turboladerreparatur ihre Zeit braucht, bietet Motair ein breites Sortiment von Turboladern im Tausch, um den Kunden schnell helfen zu können.
Muß ein Turbolader ersetzt werden, so ist ein Turbolader im Tausch von Motair eine schnelle, praktische und preisgünstige Lösung.
Holset-Turbolader sind vor allem an europäischen Dieselmotoren zwischen 100 und 500 kW populär. Neben diesem Markt orientiert Holset seine Entwicklungsaktivitäten auf die Turbolader der H-Reihe für schwere Industriedieselmotoren. Daß Holset Teil derselben Finanzgruppe wie Cummins ist, wird dabei bestimmt eine Rolle spielen. In nächster Zeit dürfen wir daher auch zunehmend größere Holset-Turbolader auf dem Markt erwarten.
KKK-Turbolader finden wir vor allem in europäischen Fahrzeugen, sowohl in Diesel-Nutzfahrzeugen als auch in Motoren für Personenkraftwagen. Aufgrund der Forschung auf dem Gebiet der immer schnelleren Turbinen und immer genauer einstellbaren elektronischen Regelventilen ist die Zukunft der Turbolader der K-Reihe für die nächsten Jahrzehnte gesichert. Aber KKK ist auch ständig auf der Suche nach Alternativen für den Turbolader. Ein Beispiel dafür war der KKK-RO-Lader.

Schwitzer-Turbolader haben sich auf dem amerikanischen Dieselmarkt seit Jahren einen guten Ruf erworben. Mit Einführung der Turbolader der S-Reihe nimmt Schwitzer jetzt auch auf dem europäischen Dieselmarkt einen immer wichtigeren Platz ein. Daneben bauen verschiedene Hersteller in der ganzen Welt Turbolader in Lizenz von Schwitzer.
Garrett-Turbolader werden weltweit in den USA, Japan, Frankreich und England hergestellt. Damit ist Garrett der größte Turboladerhersteller. Dank seiner Forschungen in der Luft- und Raumfahrt ist Garrett auch häufig führend bei neuen Techniken und Werkstoffen.
Der T25-Turbolader mit Druckregelventil und wassergekühlter Lagerung ist ein schlagender Beweis dafür und wird in sehr vielen neuen Pkw mit Benzinmotor erfolgreich eingesetzt. Aber schon kündigen sich zwei wichtige Neuentwicklungen an: der keramische Läufer kann durch sein weit geringeres Gewicht die Massenträgheit der Turbine um 60% senken. Dadurch können mit viel weniger Energie Drehzahlen von mehr als 190000 U/min erreicht werden. In der Praxis bedeutet das, daß sich die Zeit für den Druckaufbau um 30% vermindert. Die zweite Neuentwicklung ist die Turbine mit einstellbarer Düse. Damit läßt sich das Durchströmen der Gase durch die Turbine beherrschen, was wiederum wichtige Vorteile ergibt:

- Schon bei sehr niedrigen Motordrehzahlen kann der Ladedruck erreicht werden, aber auch bei den höchsten Drehzahlen wird die volle Leistung abgegeben.
- Der Ladedruck läßt sich über einen viel breiteren Betriebsbereich des Motors konstant halten, ohne daß dies zu Lasten des Kraftstoffverbrauchs geht.

8.3 Risse im Turbinengehäuse

Aus der Praxis wissen wir, daß nahezu alle Turbinengehäuse von Turboladern unabhängig von Hersteller und Anwendungsgebiet im Laufe der Zeit Risse aufweisen.
Vor allem bei Motoren mit relativ hoher Leistung und bei aufgeladenen Ottomotoren im Pkw-Bereich treten diese Risse auf. In vielen Fällen sind sie ungefährlich und tun der Arbeitsweise, Wirksamkeit und Lebensdauer des Turboladers keinen Abbruch.
In anderen Fällen, meist als Folge eines Defekts im Motor, treten Risse oder Beschädigungen des Turbinengehäuses auf, die sehr wohl gefährlich sind und sich negativ auf die Funktion des Turboladers auswirken.
In den Bildern 113 bis 120 wird gezeigt, was als zulässig und unzulässig zu bewerten ist.
Diese Richtlinien gelten ebenfalls als Werksnorm und werden bei der Überholung und der Beurteilung von Garantieansprüchen zugrunde gelegt.

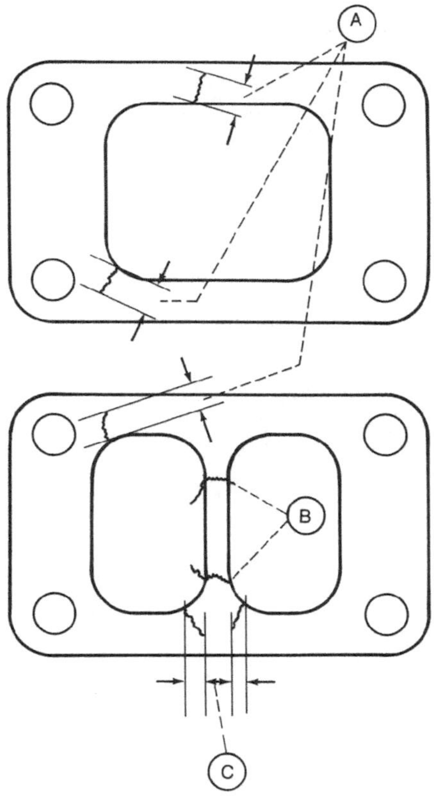

Bild 113

8.3.1 Risse im Turbinenfuß und in der Zwischenwand

Der Turbinenfuß ist der Flansch für den Einlaßkanal, der am Auspuffkrümmer des Motors montiert wird.
Im Turbinenfuß sind folgende Risse ungefährlich, sofern die Dichtfläche intakt ist:

A) Kleine Risse mit einer Höchstlänge von 15 mm. An einer Ecke beträgt die Höchstlänge 6 mm.
B) Kleine Risse in der Zwischenwand des Turbinenfußes, auch durchgehende, sofern sie höchstens 35 mm lang sind. Zwei kleine Risse in der Zwischenwand müssen einen Mindestabstand von 12 mm haben.
C) Zwei kleine, aufeinanderzulaufende Risse müssen stets einen Mindestabstand von 6 mm haben und dürfen nicht länger als 15 mm sein.

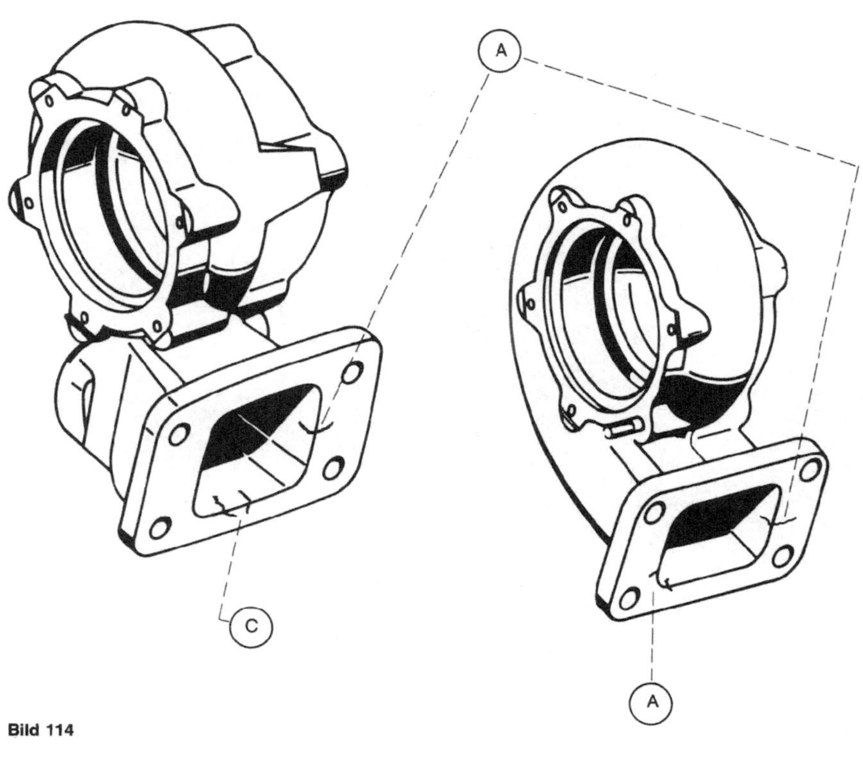

Bild 114

D) Risse in der Zwischenwand sind unschädlich, auch wenn sie durchgehend sind. Jede angemessene Länge ist zulässig. Zwei Risse nebeneinander müssen jedoch an jeder Stelle mindestens 12 bis 13 mm auseinanderliegen. Die Zwischenwand darf nicht verformt oder verzogen sein.

8.3.2 Risse in der Außenwand

E) Risse, die quer in der Außenwand über den Rücken des Turbinengehäuses verlaufen, sind unzulässig.

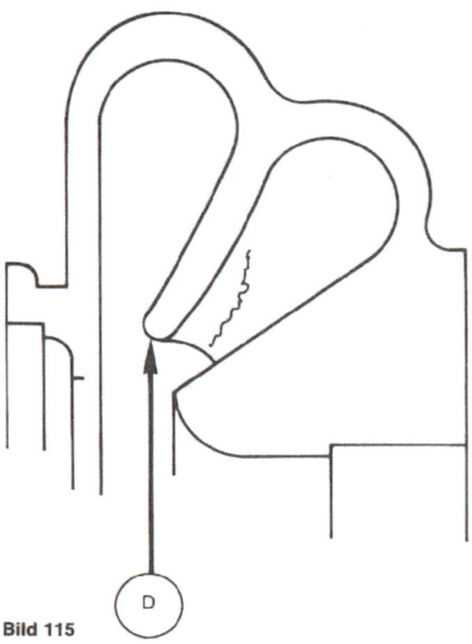

Bild 115

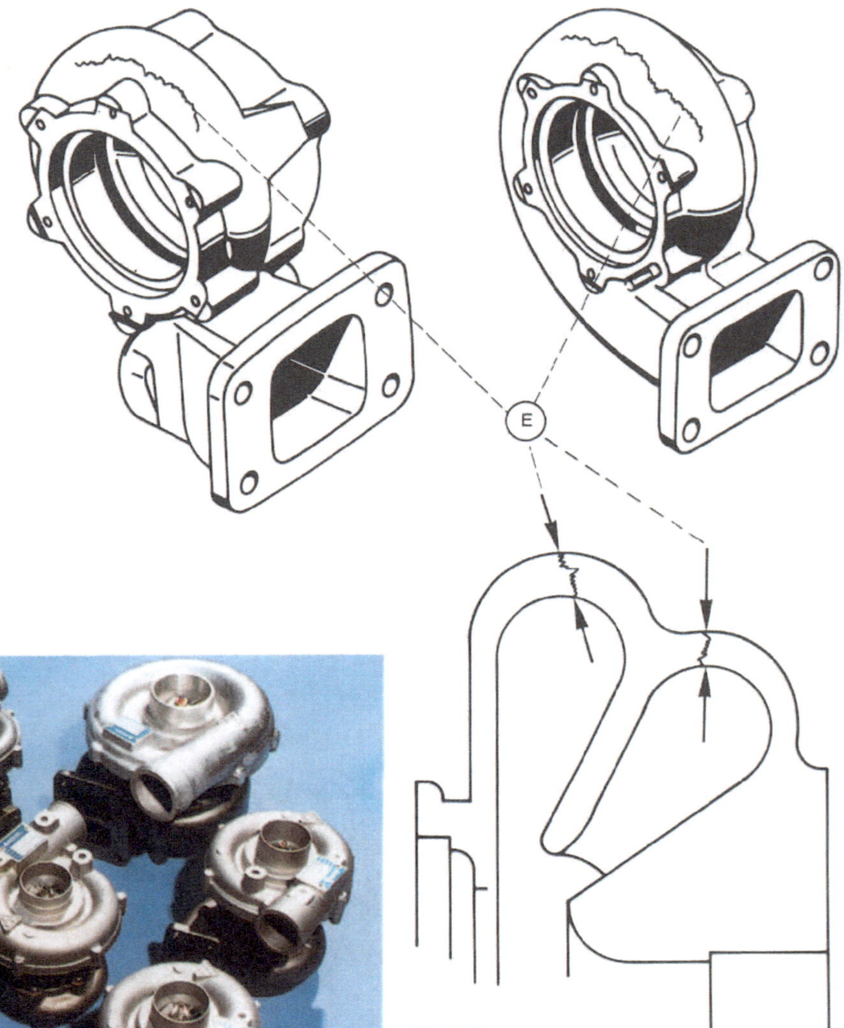

Bild 117

Bild 116

8.3.3 Risse am Ventilsitz

F) Risse am Ventilsitz des Überdruckventils sind bis zu einer Höchstlänge von 10 mm zulässig. Es ist darauf zu achten, daß der Riß nicht in Richtung der bearbeiteten Oberfläche verläuft. Außerdem dürfen keine Anzeichen von Leckagen vorhanden sein.

G) Risse in der Wand des Turbinengehäuses an der Öffnung für das Turbinenrad sind bis zu einer Länge von 10 mm zulässig, sofern die Dichtfläche eben ist.

H) Allgemein gilt, daß alle Paß- und Dichtflächen nicht verformt und frei von Leckagenspuren sein müssen.

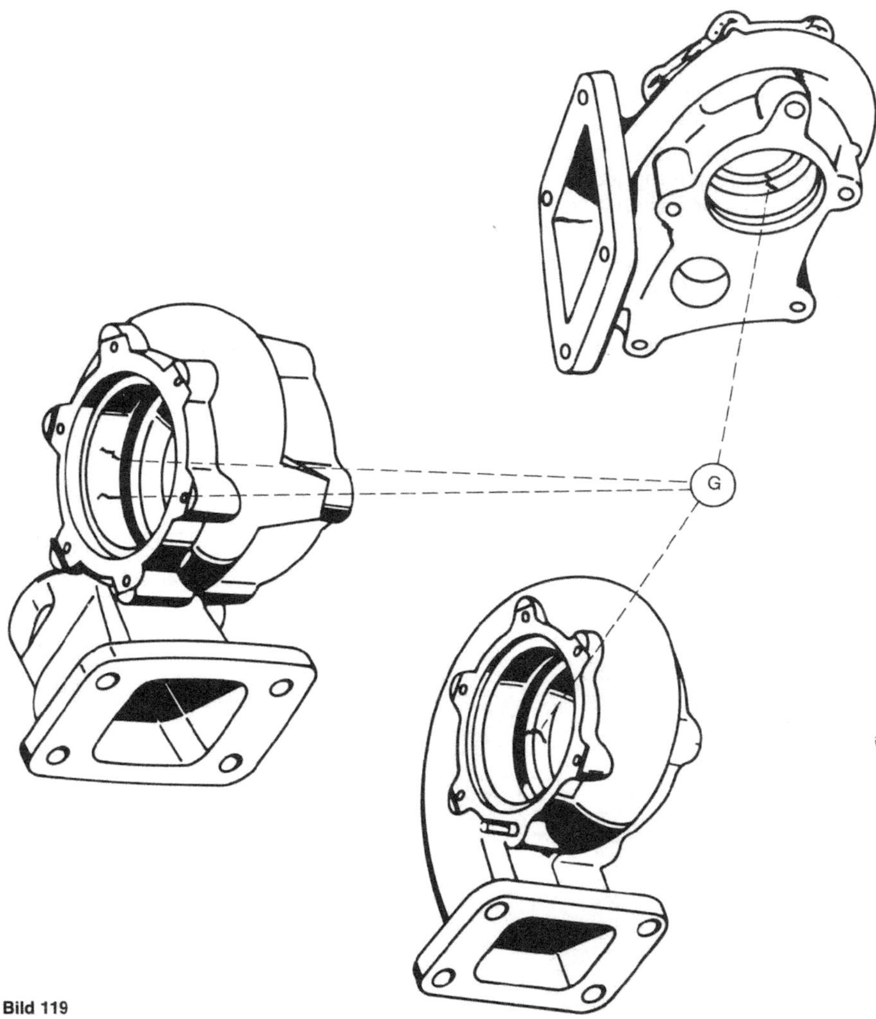

Bild 119

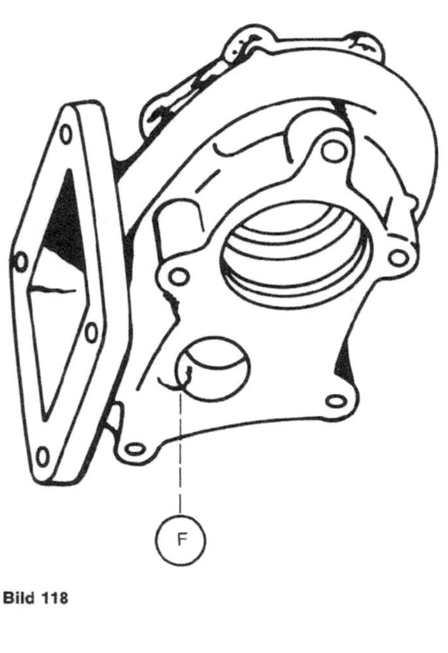

Bild 118

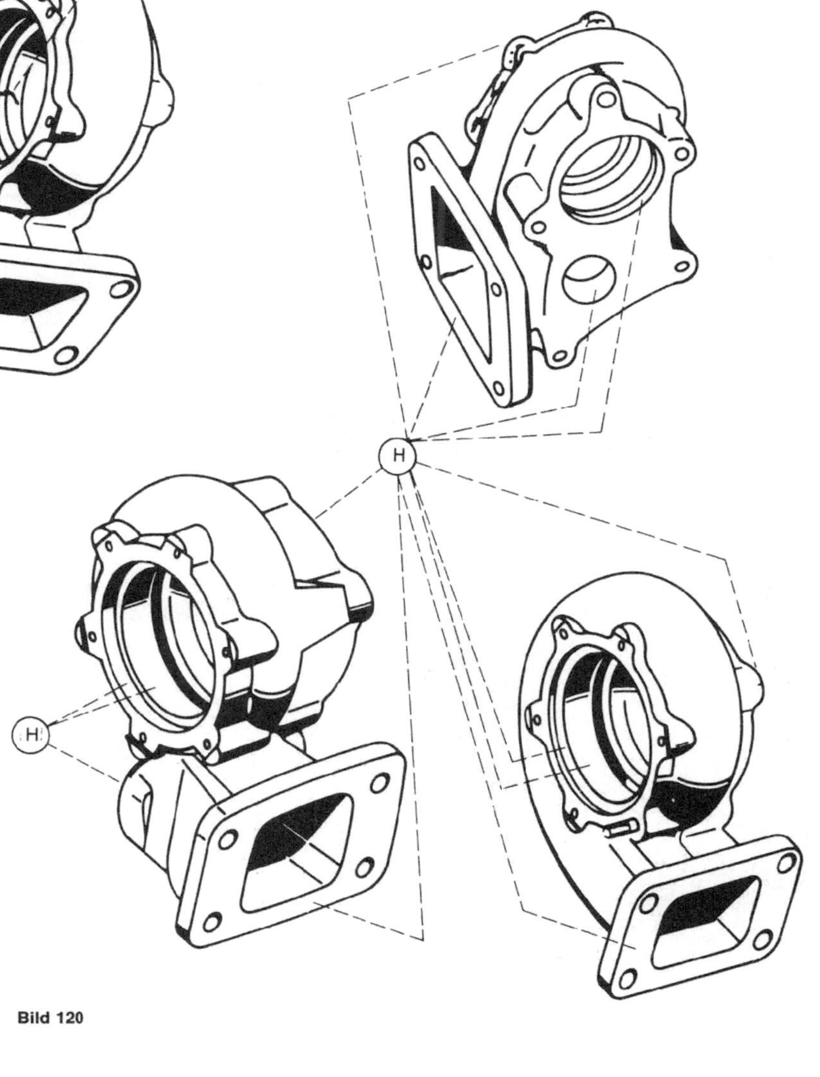

Bild 120

8.4 Nachschmierung des Turboladers

Eine der wichtigsten Ursachen für Turboladerdefekte ist, daß die Ölzirkulation in dem Moment stoppt, wenn der Motor abgestellt wird.
Besonders wenn ein Motor, aus Vollast, plötzlich abgestellt wird (dabei rotiert der Turbolader oft mit mehr als 100000 U/min), dreht der Läufer des Turboladers noch geraume Zeit weiter. Die Lager bleiben aber ohne Öl, und die Hitze wird nicht mehr abgeführt.
Solch fatale Bedingungen ergeben sich vor allem bei Notstromaggregaten, Feuerlöschanlagen und automatischen Sprinklern.
Zum Schutz des Turboladers unter diesen Betriebsbedingungen kann eine Nachschmierung angebracht werden. Eine sehr einfache und wirksame Lösung ist die dargestellte Turboladerschmierung.

Dazu wird die Ölzufuhrleitung des Turboladers unterbrochen und ein T-Anschluß mit Rückschlagventil eingesetzt. Daran wird eine Leitung angeschlossen, die zu einem kleinen Ölvorratsbehälter verläuft. Dieser Ölbehälter muß immer oberhalb der Ölzufuhr zum Turbolader angebracht werden.
Sobald der Motor gestartet wird, füllt sich der Ölbehälter mit Motoröl. Wenn der Öldruck nach dem Abstellen des Motors wegfällt, läuft das Öl aus dem Reservebehälter über das Rückschlagventil in den Turbolader, womit dieser auch nach dem Abschalten des Motors noch eine Weile nachgeschmiert wird.

Auf diese Weise vermeidet man, daß an den Lagern extreme Reibungswärme auftritt. Auch die Wärme in der Turbine wird noch teilweise absorbiert und in die Ölwanne des Motors abgeführt.
Man kann sich diese Konstruktion jedoch sparen, wenn man eine „goldene Regel“ für Turboladeranwendungen beachtet: den Motor und damit auch den Turbolader vor Abstellen noch ca. 30 Sekunden unter Leerlaufdrehzahl nachkühlen zu lassen.

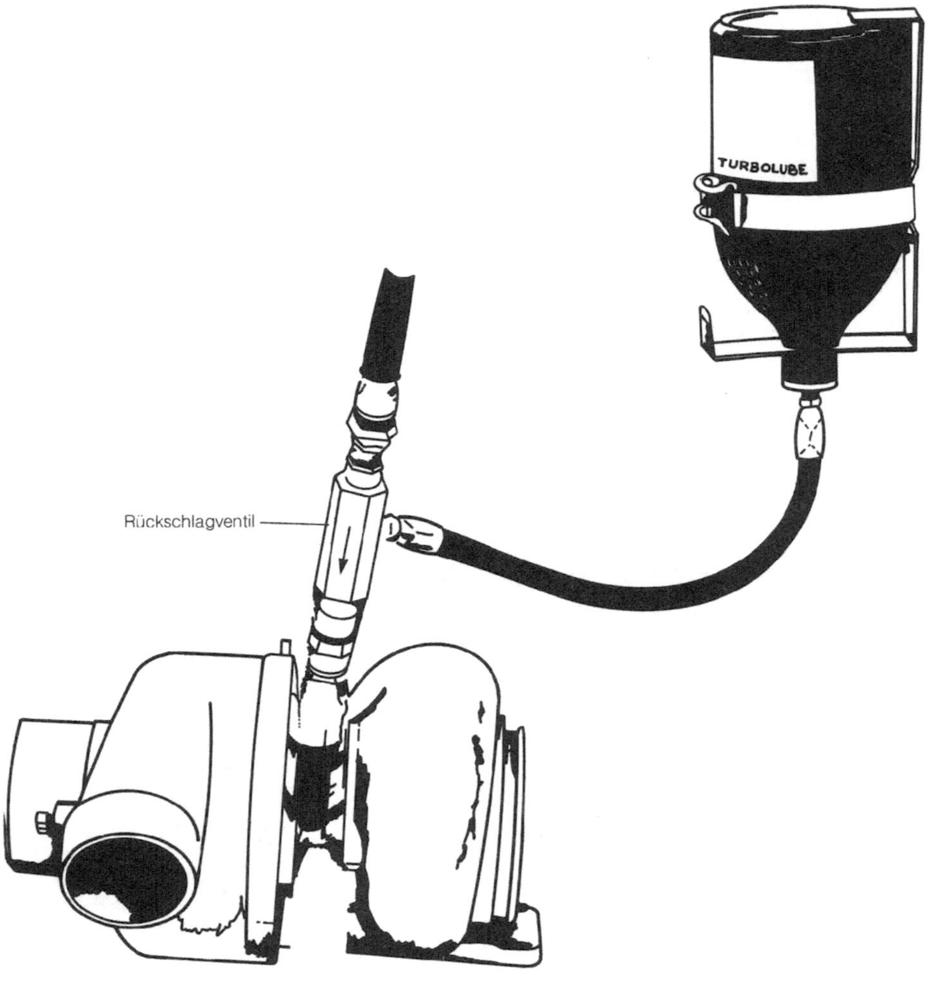

Bild 121: An die Turbo-Schmierung angeschlossener Turbo

Moderner Garrett-Turbo mit Überdruckventil für Pkw-Motoren

Aus dem Programm Kraftfahrzeugtechnik

Technische Lehrgänge für Ausbildung und Praxis

		ISBN
Technischer Lehrgang:	Hydraulik	3-528-04832-8
Technischer Lehrgang:	Kupplungen	3-528-04829-8
Technischer Lehrgang:	Schmierstoffe und Motoren	3-528-C4827-1
Technischer Lehrgang:	Starterbatterie	3-528-04825-5
Technischer Lehrgang:	Gleitlager für Verbrennungsmotoren	3-528-04831-X
Technischer Lehrgang:	Ventile, Schäden und ihre Ursachen	3-528-04836-0
Technischer Lehrgang:	Turbolader	3-528-04826-3
Technischer Lehrgang:	Motorkraftstoffe	3-528-04834-4

In Vorbereitung:

Technischer Lehrgang:	*Stoßdämpfer*	*3-528-04830-1*
Technischer Lehrgang:	*Automatische Getriebe*	*3-528-04828-X*
Technischer Lehrgang:	*Hydraulische Systeme, Berechnungen*	*3-528-04835-2*
Technischer Lehrgang:	*Kolben, Schäden und ihre Ursachen*	*3-528-04833-6*

Fachbücher für die Ausbildung

Kraftfahrzeugtechnik
Technologie für Automobil- und Kraftfahrzeugmechaniker
von W. Staudt (Hrsg.) 3-528-04302-4

Metalltechnik
Grundbildung für kraftfahrzeugtechnische Berufe
von W. Staudt (Hrsg.) 3-528-04430-6

Arbeitsblätter Kraftfahrzeugtechnik
von W. Staudt (Hrsg.) 3-528-04913-8

Elektrische Motorausrüstung
von G. Henneberger 3-528-04764-X

Fordern Sie ausführliche Informationen direkt beim Verlag an
Friedr. Vieweg & Sohn Verlagsgesellschaft mbH
Postfach 5829, 6200 Wiesbaden

vieweg

GPSR Compliance

The European Union's (EU) General Product Safety Regulation (GPSR) is a set of rules that requires consumer products to be safe and our obligations to ensure this.

If you have any concerns about our products, you can contact us on ProductSafety@springernature.com

In case Publisher is established outside the EU, the EU authorized representative is:

Springer Nature Customer Service Center GmbH
Europaplatz 3
69115 Heidelberg, Germany

Batch number: 10585057

Printed by Printforce, the Netherlands